AF383604

E. Bourrut-Duvivier

Traité

de

Physique et Chimie

Paris

Berger-Levrault et Cie, Éditeurs

TRAITÉ

DE

PHYSIQUE ET CHIMIE

NANCY, IMPRIMERIE BERGER-LEVRAULT ET Cie.

TRAITÉ

DE

HYSIQUE ET CHIMIE

RÉDIGÉ CONFORMÉMENT

AU PROGRAMME OFFICIEL DES CONNAISSANCES EXIGÉES

DES

CANDIDATS A L'ÉCOLE NAVALE

PAR

E. BOURRUT-DUVIVIER

LICENCIÉ ÈS SCIENCES MATHÉMATIQUES ET PHYSIQUES

PROFESSEUR DE 1re CLASSE A L'ÉCOLE NAVALE

BERGER-LEVRAULT ET Cie, LIBRAIRES-ÉDITEURS

PARIS	NANCY
5, RUE DES BEAUX-ARTS	MÊME MAISON

1889

PRÉFACE

Les divers conseils de l'École navale ont, depuis quelques années, augmenté dans d'assez fortes proportions l'importance de l'enseignement de la physique à cette école. Les décisions prises à ce sujet sont largement motivées par le nombre, sans cesse croissant, des applications des principes de la physique aux arts maritimes.

Il fallait accroître l'enseignement, mais on devait agir avec prudence et ne pas exiger des élèves de l'École navale un surcroît de travail qu'ils auraient été impuissants à fournir, vu le grand nombre de cours qu'ils ont à suivre pendant leurs deux années d'études. On fit alors figurer la physique, au moins en partie, dans l'enseignement préparatoire et on rendit obligatoire, pour les candidats, l'étude de la pesanteur, de l'hydrostatique et de la chaleur, conformément aux programmes en usage pour le baccalauréat ès sciences. Ces programmes, admirablement rédigés pour les besoins d'un enseignement général qui ouvre toutes les carrières, ne sont pas appropriés aux connaissances spéciales que doivent posséder nos futurs officiers de marine. Ils renferment des *discussions théoriques et expérimentales intéressantes et de nature à développer l'esprit d'investigation et de méthode, mais qui ne sont pas d'une utilité immédiate dans les applications aux arts maritimes. D'autre part, l'enseignement préparatoire devait être, autant que possible, allégé. Pour ces motifs, les conseils maritimes décidèrent la rédaction d'un programme beaucoup plus restreint au point de vue de la théorie pure et plus développé à celui des applications pratiques.*

Comme son titre l'indique, le présent ouvrage n'est que le développement fidèle et détaillé de ce dernier programme. Laissant de côté les minutieuses descriptions d'appareils, les discussions des expériences de déterminations des divers coefficients physiques, nous n'avons insisté que sur les définitions et les lois générales dont les énoncés, toujours un peu abstraits, sont rendus plus clairs et plus précis par de nombreux exercices numériques.

E. BOURRUT-DUVIVIER.

Juillet 1889.

EXTRAIT DU PROGRAMME OFFICIEL

DES CONNAISSANCES EXIGÉES DES CANDIDATS A L'ÉCOLE NAVALE

POUR 1889

PHYSIQUE

Les numéros renvoient aux paragraphes correspondants.

Pesanteur, 7 à 21. — Pesanteur, 7. — Poids, 7. — Centre de gravité, 7. — Balances, 8, 9, 10, 11. — Dynamomètres, 12. — Lois de la chute des corps, 13. — Vérifications expérimentales, 15, 16. — Pendule, 18, 19. — Ses applications. 20, 21.

Hydrostatique, 22 à 33. — Principe de Pascal, 23. — Propriétés générales des liquides pesants en équilibre, 25 à 28. — Principe d'Archimède, 30, 31. — Presse hydraulique, 24. — Niveau à bulle d'air, 29, II.

Poids spécifiques des solides et des liquides, 14. — Leur mesure, 32.

Exercices numériques sur les principes précédents, 17, 29, 33.

Statique du gaz, 34 à 56. — Pesanteur des gaz, 34, 36. — Pression atmosphérique, 36. — Baromètre, 39, 40. — Baromètre ordinaire, 39, I. — Baromètre de Fortin, 39, II. — Baromètre de Gay-Lussac, 39, IV. — Baromètre à siphon, 39, III. — Principes de Pascal et d'Archimède appliqués aux gaz, 35.

Unités diverses employées usuellement pour la mesure de la pression du gaz, 37. — Exercices numériques et changements d'unités, 38.

Loi de Mariotte (déduite seulement des expériences de Mariotte), 41, 43, 44.

Mélange des gaz, 45, 46, 73.

EXTRAIT DU PROGRAMME OFFICIEL

DES CONNAISSANCES EXIGÉES POUR L'ADMISSION A L'ÉCOLE NAVALE

POUR 1889

CHIMIE

Les numéros renvoient aux paragraphes correspondants.

Corps simples et composés, 1 et 2. — Acides, bases, sels, corps neutres, 7. — Métalloïdes et métaux, 8. — Phénomènes calorifiques qui accompagnent les phénomènes chimiques, 4. — Affinité, 5. — Combinaison, décomposition, 3. — Analyse et synthèse, 6. — Loi des poids, 9. — Loi des proportions définies, 9. — Loi des proportions multiples, 10. — Loi des nombres proportionnels, 11. — Loi des équivalents, 11. — Loi des volumes, 12. — Règles de la nomenclature, 13. — Équations chimiques, 14.

Oxygène, 16 à 19. — Propriétés physiques, 16. — Propriétés chimiques, 17, 19. — Préparation, 18.

Hydrogène, 20 à 23. — Propriétés physiques, 20. — Propriétés chimiques, 21, 23. — Préparation, 22.

Eau, 24 à 28. — Propriétés physiques, 24. — Composition : synthèse et analyse, 25. — Propriétés chimiques, 26. — Eaux potables, 27, 28.

Azote, 29 à 31. — Préparation, 31. — Propriétés physiques, 29. — Propriétés chimiques, 30.

Air, 32 à 37. — Constitution de l'atmosphère, 32. — Analyse de l'air, 33. — Mesure des quantités de vapeur d'eau et d'acide carbonique contenus dans l'air, 34, 35.

Composés oxygénés de l'azote, 38 à 42. — Préparations et exposé succinct des propriétés principales du protoxyde et du bioxyde

TRAITÉ

DE

PHYSIQUE ET CHIMIE

PHYSIQUE

INTRODUCTION

1. Définitions diverses. — On appelle point matériel un corps assez petit pour qu'on puisse physiquement en confondre les différentes parties.

Un corps matériel est dit : 1° solide, lorsque, placé dans un vase, il conserve son volume et sa forme ; 2° liquide, lorsque, sans changer de volume, il prend la forme du vase dans la partie qu'il remplit ; 3° gazeux, lorsqu'il prend à la fois et le volume et la forme du vase qui le contient.

Un point matériel A est en mouvement par rapport à un point B, lorsque la distance AB varie avec le temps. Si le point B occupe toujours le même point de l'espace, il est dit en repos absolu.

La ligne que décrit dans l'espace un point en mouvement est appelée trajectoire. Cette ligne peut être rectiligne, curviligne, plane ou gauche.

Le mouvement le plus simple est celui dans lequel le mobile parcourt des espaces égaux dans des temps égaux, quelque petits que soient ces temps. Défini ainsi, le mouvement est dit uniforme; dans tous les autres cas il est varié.

Il résulte de la définition du mouvement uniforme, qu'un point matériel, animé de ce mouvement, parcourt sur sa trajectoire des distances comptées à partir d'un point donné de cette ligne, proportionnelles aux temps employés à les parcourir. On exprime algébriquement ce fait en écrivant qu'on obtient le nombre e qui mesure l'espace en multipliant le nombre t qui mesure le temps par un facteur v qui reste constant :

$$e = vt. \qquad (1)$$

La signification physique du facteur v ressort de la forme suivante que l'on peut donner à cette équation :

$$v = \frac{e}{t} \qquad (2)$$

v représente le nombre e qui mesure avec l'unité adoptée l'espace parcouru dans le temps choisi pour unité de temps. On l'appelle la vitesse du mouvement.

Il est important de remarquer que les équations telles que (1) et telles que toutes celles que nous rencontrerons par la suite expriment des relations entre les nombres qui mesurent les diverses grandeurs. Si nous désignons les grandeurs elles-mêmes, espace et temps, par les majuscules E et T et les grandeurs de même espèce, choisies comme unités de mesure, par L_1 et T_1, on a par définition même de la mesure des grandeurs :

$$e = \frac{E}{L_1}, \qquad t = \frac{T}{T_1}.$$

De sorte que les équations (1) et (2) devront s'écrire, pour mettre en évidence la remarque précédente :

$$\left(\frac{E}{L_1}\right) = v\left(\frac{T}{T_1}\right); \qquad (1)' \qquad\qquad v = \frac{\left(\dfrac{E}{L_1}\right)}{\left(\dfrac{T}{T_1}\right)}. \qquad (2)'$$

Le nombre qui représente la vitesse dépend donc des unités adoptées pour mesurer l'espace et le temps.

Ce mode de représentation rend facile la solution de questions souvent complexes et qui se présentent fréquemment.

Supposons que nous prenions deux nouvelles unités L_1' et T_1' pour mesurer l'espace et le temps, posons :

$$\frac{L_1'}{L_1} = l_1', \qquad \frac{T_1'}{T_1} = t_1'.$$

Nous aurons en désignant par e', t', v' les nouvelles valeurs de e, v, t :

$$e = \frac{E}{L_1} = \frac{E}{L_1'} \times \frac{L_1'}{L_1} = e' \, l_1'$$

$$t = \frac{T}{T_1} = \frac{T}{T_1'} \times \frac{T_1'}{T_1} = t' \, t_1'$$

$$v = \frac{e}{t} = \frac{e' l_1'}{t' t_1'} = v' \, \frac{l_1'}{t_1'}.$$

Exemples : 1° Quelle est en mètres par seconde la vitesse de 18 kilomètres à l'heure ?

On a :

$$L_1 = \text{un kilomètre}, \quad T_1 = \text{une heure}, \quad v = 18;$$
$$L_1' = \text{un mètre}, \qquad T_1' = \text{une seconde};$$

ou

$$\frac{L_1'}{L_1} = l_1' = \frac{\text{un mètre}}{\text{un kilomètre}} = \frac{1}{1000},$$

$$\frac{T_1'}{T_1} = t_1' = \frac{\text{une seconde}}{\text{une heure}} = \frac{1}{3600},$$

$$v' = v\frac{t_1'}{l_1} = 18 \times \frac{1000}{3600} = 5.$$

2° Quelle est en kilomètres à l'heure la vitesse d'un vaisseau qui fait 12 milles à l'heure? Le mille vaut 1852,2 mètres.

$$t_1' = 1 \qquad l_1' = \frac{\text{un kilomètre}}{\text{un mille}} = \frac{1000}{1852,2}, \qquad v = 12.$$

$$v' = 12 \times \frac{1852,2}{1000} = 22,2264.$$

3° Quelle unité de temps faut-il choisir, en prenant le mètre pour unité de longueur, pour qu'une vitesse de 36 kilomètres à l'heure soit représentée par le nombre 50? L'inconnue est ici T_1'.

On a :

$$l_1' = \frac{\text{un mètre}}{\text{un kilomètre}} = \frac{1}{1000}, \qquad v = 36, \qquad v' = 50$$

donc :

$$36 = 50 \times \frac{1}{1000} \times \frac{1}{t_1'} \qquad \text{ou} \qquad t_1' = \frac{50}{36 \times 1000} = \frac{5}{3600}$$

et

$$\frac{T_1'}{\text{une heure}} = \frac{5}{3600} \qquad \text{d'où} \qquad T_1' = 5 \text{ secondes.}$$

2. Inertie. — Forces. — Tous les corps sont inertes. L'inertie est la propriété de la matière de ne pouvoir d'elle-même changer son état de repos ou de mouvement. Il résulte de cette définition que si un corps n'est soumis à aucun agent extérieur, il restera en repos s'il est dans cet état et, s'il est en mouvement, son mouvement ne pourra être que rectiligne et uniforme.

Nous appellerons force toute cause, le plus souvent inconnue, de modifications dans l'état de repos ou de mouvement d'un corps. Nous ne devons voir dans cette définition qu'une notion destinée à simplifier l'énoncé des lois physiques et non la représentation d'une réalité absolue. Nous dirons donc, par définition, qu'un corps est soumis à l'action d'une ou plusieurs forces lorsqu'il est animé d'un mouvement autre que le mouvement rectiligne et uniforme.

Trois données sont nécessaires pour caractériser une force : le point d'application, la direction et l'intensité.

Le point d'application d'une force est le point du corps sur lequel elle agit, auquel elle est directement appliquée.

La direction est celle du mouvement que prendrait le point d'application s'il était soumis seulement à la force considérée à l'exclusion de toute autre.

On dit que deux forces sont égales lorsque, appliquées à un point, en sens contraire l'une de l'autre, elles ne modifient pas l'état de repos ou de mouvement de ce point.

Une force est dite 2, 3, 4 fois plus intense qu'une autre lorsque, appliquée à un point en même temps que 2, 3, 4 forces égales à la seconde et en sens contraire de la première, elle ne change pas l'état de repos ou de mouvement de ce point.

Une force se représente géométriquement par une droite ayant pour origine le point d'application, pour direction celle de la force et une longueur proportionnelle à l'intensité représentée à une échelle définie.

L'idée de l'intensité d'une force nous est matériellement

représentée par la sensation de l'effort que nous faisons pour produire un effet mécanique déterminé, par exemple par la pression d'un corps pesant que nous soutenons dans la main, la traction que nous opérons sur les extrémités d'un arc ou d'un ressort que nous voulons tendre. Dans ces divers cas nous faisons un effort, nous développons une force qui peut servir à mesurer la force que nous voulons vaincre.

3. — L'expérience apprend que le même corps dans un même lieu fléchit toujours un même ressort de la même quantité. Le poids de ce corps est donc en ce lieu une force constante qui pourra servir de mesure à une force quelconque.

L'unité de force ou de poids adoptée en France est le gramme qui est à très peu près le poids à Paris de un centimètre cube d'eau distillée à 4 degrés centigrades de température. Le gramme étalon est conservé au Conservatoire des arts et métiers à Paris.

4. — Nous admettrons sans démonstration les définitions et théorèmes suivants qui sont du domaine de la mécanique, mais dont nous ferons un fréquent usage.

On appelle résultante d'une ou plusieurs forces, une force qui à elle seule produit le même effet que les premières.

Étant données plusieurs forces F_1, F_2 F_3 (fig. 1) concourant au même point O. Par F_1 on mène F_1A égale et parallèle à OF_2, par A on mène AF égale et parallèle à OF_3. La droite OF représente en grandeur et en direction la résultante des trois forces données.

La ligne brisée OF_1AF s'appelle le polygone des forces. Il peut arriver que ce polygone se ferme de lui même; dans ce cas la résultante est nulle et les forces données se font équilibre.

Si on donne deux forces seulement, la résultante est représentée en grandeur et en direction par la diagonale du parallélogramme construit sur les droites qui représentent ces deux forces.

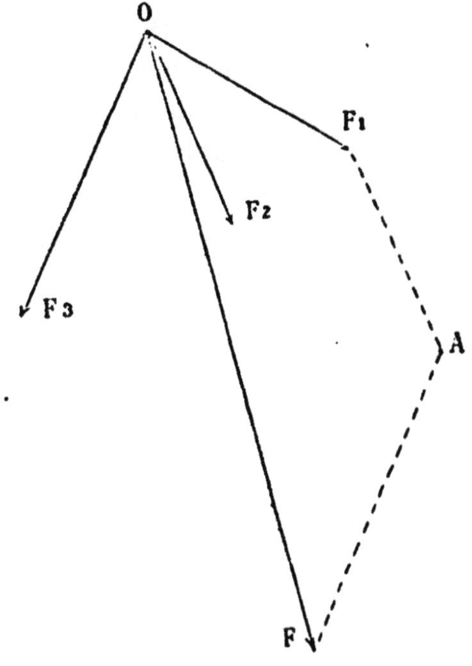

Fig. 1.

On a souvent à trouver sur deux ou sur trois directions données des forces qui admettent pour résultante une force donnée.

Soient (fig. 2) OX, OY et OF les deux directions et la force données. Les droites OX et OY originaires de O, ayant OX et OY pour directions et limitées aux points de rencontre avec OX et OY des parallèles à ces droites menées par le point F sont les forces cherchées.

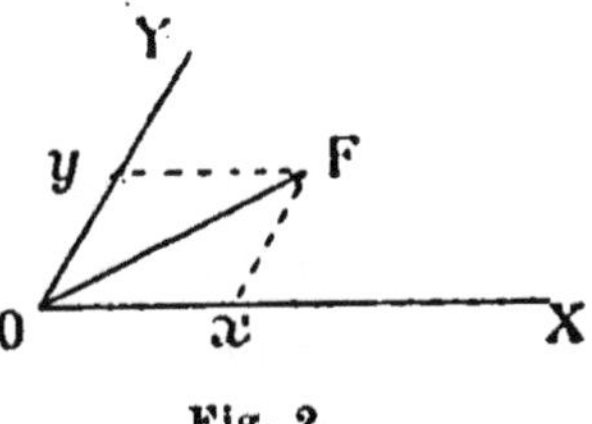

Fig. 2.

Soient OX, OY, OZ, OF (fig. 3) trois directions et la force données. Par F, je mène FA parallèle à OZ jusqu'à sa rencontre A avec le plan XOY et je joins OA. Je mène Fz, Ax, Ay parallèles à OA, OY et OX; les droites Ox, Oy, Oz représentent les forces cherchées.

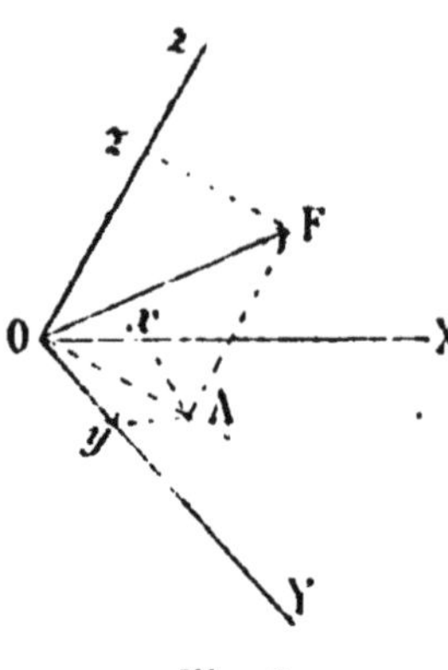

Fig. 3.

Cas de deux forces parallèles. — La résultante de deux forces parallèles et de même sens (fig. 4) F_1 et F_2 appliquées aux points A et B a une intensité égale à la somme $F_1 + F_2$ des intensités des composantes, est parallèle à leur direction et appliquée en un point C de AB tel que $F_1 \times AC = BC \times F_2$. Appelons l la longueur AB et x la distance AC, on a facilement

$$x = \frac{F_2 l}{F_1 + F_2}. \quad (3)$$

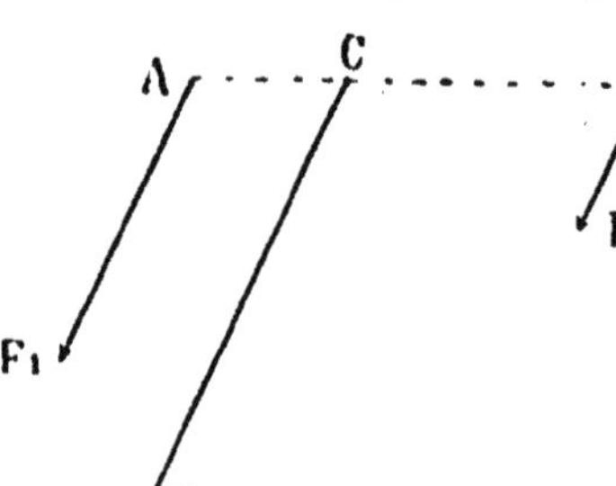

Fig. 4.

On voit que le point C est toujours compris entre les points A et B.

Convenons de donner des signes contraires aux forces parallèles et de sens contraires et de prendre x négativement à gauche du point A. En supposant F_2 négative, l'équation précédente est encore applicable et devient

$$x = \frac{F_2 l}{F_2 - F_1}. \quad (4)$$

On voit que le point C, toujours sur AB, est en dehors des points A et B et se trouve du côté de la plus grande des deux forces en valeur absolue d'intensité.

Lorsqu'on a un nombre quelconque de forces parallèles, on compose la résultante de deux quelconques d'entre elles avec une troisième, la nouvelle résultante avec une quatrième et ainsi de suite jusqu'à ce qu'on les ait toutes prises. La dernière résultante obtenue est la résultante totale, son point d'application s'appelle le centre des forces parallèles.

Il peut arriver que les forces F_1 et F_2 soient égales et de sens contraire; en ce cas x devient infini et le système des deux forces constitue un couple qui tend à faire tourner le corps auquel il est appliqué jusqu'à ce que les deux forces soient sur le prolongement de la ligne qui joint leur point d'application.

On appelle moment d'un couple le produit de l'une des forces qui le composent par leur perpendiculaire commune.

Enfin, comme dernière notion mécanique que nous donnerons sans démonstration, nous énoncerons le théorème des moments. On appelle moment d'une force par rapport à un plan le produit de cette force par la perpendiculaire abaissée de son point d'application sur ce plan.

THÉORÈME.

Le moment de la résultante de plusieurs forces parallèles par rapport à un plan est égal à la somme des moments de ces forces par rapport au même plan.

5. Mouvement varié. Changements d'unités. — Un corps animé d'un mouvement varié est, en vertu des définitions précédentes, soumis à une force qui, agissant à tout instant sur lui, produit les variations du mouvement. L'espace e parcouru par un corps en mouvement sur une trajectoire quelconque est une fonction du temps, on peut poser d'une manière générale :

$$e = f(t). \qquad (1)$$

La forme de cette fonction définit la nature du mouvement qui est uniforme (§ 1er) dans le cas où c'est la fonction de proportionnalité.

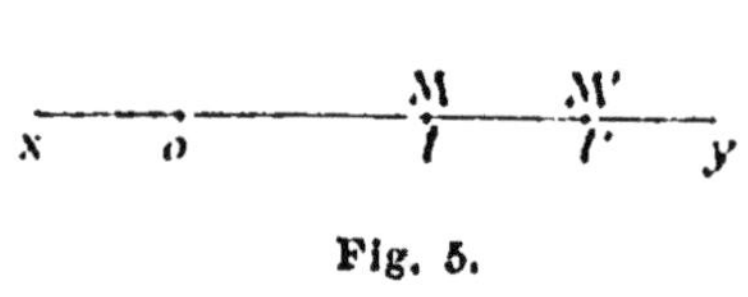

Fig. 5.

Soient (fig. 5) xy la trajectoire du mobile, o son point de départ, M et M' les points où il est parvenu aux temps t et t'.

Nous appellerons vitesse moyenne de M en M' le rapport $\dfrac{MM'}{t'-t}$; c'est la vitesse du mouvement uniforme qu'il faudrait substituer au mouvement varié pour que le même espace MM' soit parcouru dans le même temps $t'-t$. Nous appellerons vitesse du mouvement varié à l'instant t la limite vers laquelle tend la vitesse moyenne lorsqu'on la considère pendant des durées qui tendent vers zéro. Algébriquement, on a :

$$v = \lim \cdot \frac{MM'}{t'-t} = \frac{de}{dt} = f'(t). \qquad (2)$$

La vitesse v est donc une fonction de temps. Soient v et $v + \delta v$ les valeurs de cette vitesse aux temps t et $t + \delta t$ (δt pouvant être positif ou négatif), nous appellerons accélération γ au temps t la limite du rapport $\dfrac{\delta v}{\delta t}$ lorsque δv et δt tendent vers zéro, on peut alors poser :

$$\gamma = \frac{dv}{dt} = \frac{d^2v}{dt^2} = f''(t). \qquad (3)$$

L'accélération γ est donc, en général, une fonction du temps.

En résumé, dans un mouvement varié quelconque, la vitesse est la dérivée de l'espace par rapport au temps et l'accélération est la dérivée de la vitesse par rapport au temps, ou la dérivée seconde de l'espace par rapport au temps.

Conservant les notations conventionnelles adoptées au § 1er, relatives à la représentation des grandeurs, de leurs unités et de leur mesure, les équations précédentes pourront s'écrire :

$$\left(\frac{E}{L_1}\right)=f\left(\frac{T}{T_1}\right);\ (1)'\qquad v=f'\left(\frac{T}{T_1}\right);\ (2)'\qquad \gamma=f''\left(\frac{T}{T_1}\right)\!\!\raise1ex\hbox{.}\ (3)'$$

Supposons qu'on ait mesuré les grandeurs précédentes en prenant pour unité de longueur et de temps la longueur L_1 et le temps T_1, et qu'on veuille avoir les valeurs numériques de ces mêmes grandeurs e', v', t' γ' avec les nouvelles unités L_1' et T_1'. Posons :

$$\frac{L_1'}{L_1}=l_1'\qquad\qquad\frac{T_1'}{T_1}=t_1'.$$

On aura :

$$e=\frac{E}{L_1}=\frac{E}{L_1'}\times\frac{L_1'}{L_1}=e'l_1';\qquad\qquad(4)$$

$$t=\frac{T}{T_1}=\frac{T}{T_1'}\times\frac{T_1'}{T_1}=t'l_1'\qquad\qquad(5)$$

ce qui permettra de calculer e' et t'. On aura de plus :

$$e'l_1'=f(t'\cdot t_1')$$

$$\frac{de'}{dt}\cdot l_1'=f'(t'\cdot t_1')\,t_1'=vt_1'\quad\text{ou}\quad v'=v\frac{t_1'}{l_1'}\!\cdot\ (6)$$

$$\frac{d^2e'}{dt^2}\,l_1'=f''(t'\cdot t_1')\,t_1'^2=\gamma t_1'^2\quad\text{ou}\quad \gamma'=\gamma\frac{t_1'^2}{l_1'}\!\cdot\ (7)$$

ce qui donnera v' et γ'.

Exemple : L'accélération d'un mouvement varié est représentée par le nombre 9,81, les unités de longueur et de temps étant le mètre et la seconde. On demande quel sera le nombre représentant cette accélération si les unités de longueur sont le pied anglais et la seconde. On a dans ce cas :

$$L_1 = \text{un mètre}, \quad T_1 = \text{une seconde}.$$
$$L_1' = \text{un pied}, \quad T_1' = \text{une seconde}.$$
$$l_1' = \frac{\text{un pied}}{\text{un mètre}} = 0{,}3048 \qquad t_1' = 1$$
$$\gamma' = 9{,}81 \times \frac{1}{0{,}3048} = 32{,}185.$$

Si, en conservant le pied anglais comme unité de longueur, on définit la seconde la cent-millième partie du jour moyen, comme on l'a proposé quelquefois, on aurait :

$$l_1' = 0{,}3048 \qquad \text{III}'_1 = \frac{86400}{100000}$$
$$\gamma' = 9{,}81 \times \frac{1}{0{,}3048} \times \left(\frac{86400}{100000}\right)^2 = 24{,}026.$$

Parmi les mouvements variés, le plus simple est celui qui est communiqué à un mobile par une force constante en intensité et en direction. Si nous supposons que la force agit d'une façon intermittente à des intervalles de temps égaux et que nous prendrons pour unité, nous pourrons supposer que, pendant chacun de ces temps, la vitesse est constante et égale à la moyenne des valeurs qu'elle a au commencement et à la fin de ces temps. Soit γ la vitesse constante qui s'ajoute à la précédente, à chacun des instants où la force agit, les vitesses successives seront :

$$0, \ \gamma, \ 2\gamma, \ 3\gamma \cdots t\gamma.$$

Les vitesses moyennes pendant chaque unité de temps successives seront :

$$\frac{1}{2}\gamma, \qquad \frac{3}{2}\gamma, \qquad \frac{5}{2}\gamma \cdots \frac{2t-1}{2}\gamma$$

et les espaces parcourus successivement seront représentés par les mêmes expressions.

L'espace parcouru pendant les i unités de temps sera :

$$\frac{1}{2}\gamma\left[1 + 3 + 5 + \cdots (2i - 1)\right] = \frac{1}{2}\gamma i^2.$$

L'équation :

$$e = \frac{1}{2}\gamma i^2 \qquad (8)$$

sera l'équation du mouvement ou l'équation (1) pour ce cas particulier.

Ce mouvement est dit uniformément varié.

La vitesse dans ce mouvement s'obtient par l'équation (2); on a, en dérivant (8) :

$$v = \gamma i.$$

L'accélération (3) est constante et égale à γ. On peut donc dire que, dans le mouvement uniformément varié :

1° Les espaces sont proportionnels aux carrés des temps employés à les parcourir;

2° La vitesse est proportionnelle au temps employé à l'acquérir.

On peut remarquer que les espaces parcourus dans les unités de temps successives sont entre eux comme la suite naturelle des nombres impairs.

Il peut arriver que le mobile ait déjà une vitesse v_0 au moment où la force constante commence à agir sur lui. Deux cas se présentent : 1° le mouvement dû à la force constante est de même direction que le mouvement antérieur; 2° il est de sens contraire. Dans le premier cas, les formules précédentes deviennent :

$$v = v_0 + \gamma t \qquad (9)$$

$$e = v_0 t + \frac{1}{2}\gamma t \qquad (10)$$

Dans le deuxième cas, on doit les écrire :

$$v = v_0 - \gamma t \qquad (11)$$

$$e = v_0 t - \frac{1}{2} \gamma t^2. \qquad (12)$$

Les temps t sont comptés à partir de l'instant où la force constante agit sur le mobile.

6. Masse. — Les effets produits par une force sont indépendants des actions que peuvent produire simultanément d'autres forces appliquées au même corps. Il résulte de ce principe que si une force f imprime à un corps une accélération γ, des forces constantes $2f$, $3f$ ..... nf donneront à ce même corps des accélérations 2γ, 3γ ..... $n\gamma$. En d'autres termes, les forces constantes sont proportionnelles aux accélérations qu'elles donnent à un même mobile. F désignant une force constante, γ l'accélération qu'elle imprime à un corps et m une constante, on peut poser :

$$F = m\gamma. \qquad (13)$$

La constante m ne dépend que du corps dont elle est, au point de vue qui nous occupe, une des caractéristiques. On l'appelle la masse du mobile.

PESANTEUR.

7. Pesanteur. Ses éléments. — La pesanteur est la force qui fait tomber les corps à la surface de la terre.

L'intensité de cette force est donnée par le poids du corps

qui n'est autre chose que la pression ou la tension que le corps exerce sur l'obstacle qui l'empêche de tomber.

La direction de la pesanteur est donnée par celle d'un fil (fig. 6) fixé en A, supportant à son autre extrémité un corps pesant B abandonné à lui-même. Ce fil ne peut être en équilibre que si la direction de la pesanteur coïncide avec la sienne propre. Supposons, en effet, que BP représente la direction de la pesanteur. A la force BP on pourra substituer (§ 4) les deux forces f et f_1 dirigées l'une suivant AB prolongé, l'autre perpendiculairement. La première ne fera que tendre le fil et la seconde tendra à l'écarter de sa position d'équilibre. Cette dernière n'étant pas détruite, le fil ne pourra garder la position AB. Pour que f_1 n'existe pas, il faut que BP se confonde avec AB prolongé.

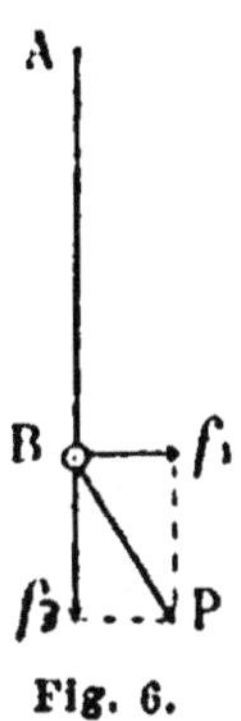

Fig. 6.

La direction de la pesanteur donnée par le fil à plomb s'appelle la verticale.

On appelle horizontale toute droite perpendiculaire à la verticale.

Un corps, soumis à une force, ne peut être en équilibre que si l'action de cette force est détruite par celle d'une force xactement contraire et égale à la première. Le fil à plomb éagit sur le poids qu'il soutient ; la table sur laquelle repose n poids réagit sur ce poids et ces diverses réactions sont oujours égales à la tension ou à la pression du corps pesant, 'est-à-dire à son poids.

La pesanteur agit sur toutes les particules qui composent n corps. En chacun des points matériels du corps se trouve ne force appliquée en ce point, dont l'intensité représente e poids de la particule considérée. Toutes ces forces sont arallèles et peuvent se composer en une seule (§ 4), dont l'intensité égale à la somme de leur intensité sera le poids du corps, et dont le point d'application (centre des forces parallèles) s'appelle le centre de gravité du corps.

Le centre de gravité d'un corps homogène se trouve sur un plan de symétrie, si le corps en possède un.

Un plan de symétrie est un plan par rapport auquel tous les points du corps sont symétriques deux à deux. La résultante du poids de deux éléments symétriques du corps aura son poids d'application au milieu de la droite qui les joint, c'est-à-dire dans le plan de symétrie. On pourra donc remplacer toutes les forces élémentaires dues à la pesanteur par une série de forces ayant toutes leur point d'application dans le plan de symétrie, et, par conséquent, la résultante de toutes ces résultantes partielles aura son point d'application, qui sera le centre de gravité dans le plan de symétrie.

Un raisonnement analogue montre que, si le corps a un axe de symétrie, le centre de gravité est sur cet axe; et, s'il a un centre de figure, le centre de gravité coïncide avec ce centre.

Pour obtenir le centre de gravité d'une ligne brisée, on appliquera au milieu de chacun de ses côtés des forces parallèles et proportionnelles aux longueurs de ses côtés, et on prendra la résultante de ces forces. Soit, par exemple (fig. 7), le contour du triangle ABC. Le point d'application de la résultante des forces appliquées en A' et B' est en un point

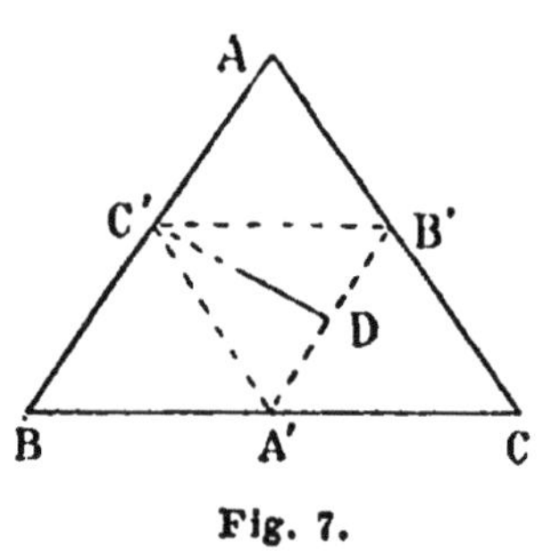

Fig. 7.

D tel que (§ 4) :

$$A'D \times BC = B'D \times AC \qquad \text{ou} \qquad \frac{A'D}{B'D} = \frac{AC}{BC}$$

Joignons C'D, on a :

$$\frac{A'C'}{B'C'} = \frac{AC}{BC}.$$

Donc :

$$\frac{A'D}{B'D} = \frac{A'C'}{B'C'}$$

c'est-à-dire que la droite C'D est la bissectrice de l'angle B'C'A'. Le centre de gravité cherché se trouve sur cette droite, puisqu'il ne reste plus pour l'obtenir qu'à composer la force appliquée en C' avec la résultante partielle appliquée en D. Le même raisonnement montre qu'il est sur les bissectrices des angles C'B'A', B'A'C'; il se trouve donc au point de concours de ces trois bissectrices.

Nous nous contenterons d'énoncer les théorèmes suivants sur la position du centre de gravité des principaux corps. Leur démonstration, qui est plutôt du domaine de la mécanique, est toujours plus ou moins analogue à la précédente.

Le centre de gravité d'un parallélogramme est au point de rencontre des diagonales qui est un centre de figure.

Le centre de gravité de la surface d'un triangle est au point de concours des médianes.

Le centre de gravité d'un trapèze est au point de rencontre de la droite qui joint les milieux des bases et de celle qui réunit les extrémités des bases prolongées en sens contraire, chacune d'une longueur égale à l'autre.

Le centre de gravité de la surface d'un polygone s'obtient en cherchant le point d'application de forces parallèles entre elles, appliquées aux centres de gravité des triangles, dont l'ensemble constitue le polygone, et sont proportionnelles aux surfaces de ces triangles.

Le centre de gravité d'un prisme triangulaire est au milieu de la droite qui joint les centres de gravité de ses deux bases.

Le centre de gravité d'une pyramide triangulaire est au

quart à partir de l'une des faces de la droite qui joint le centre de gravité de cette face au sommet opposé.

8. Mesure du poids d'un corps par la balance. —

Nous avons déjà défini (§ 2) l'unité de poids adoptée en France. Le commerce livre des boîtes de poids échantillonnés choisis de telle sorte que l'on peut constituer avec eux un nombre entier de grammes quelconque, mais compris entre un et le double du poids le plus fort de la boîte.

L'instrument destiné à mesurer les poids est la balance. Il se compose en principe d'un fléau rigide mobile autour d'un de ses points O (fig. 8). A l'une des extrémités B est suspendu le corps à peser, et la pesée est faite lorsque les poids échantillonnés suspendus en A rendent ce fléau horizontal. La figure ne représente que les points de suspension des poids à comparer et du fléau que nous supposerons en ligne droite, condition toujours réalisée. Appelons l_1 et l_2 les longueurs des deux bras du fléau, π_1 et π_2 leurs poids, d_1 et d_2 les distances de leur centre de gravité, g_1 et g_2, au plan XY mené par O perpendiculaire au fléau, P les poids échantillonnés suspendus en A, P' le corps à peser suspendu en B et cherchons la condition d'équilibre. Les forces P et π_1 se composent en une seule, parallèle à leur direction, égale à leur somme, $P + \pi_1$ appliquée en un point D tel que, en appliquant l'équation (3) [§ 4] :

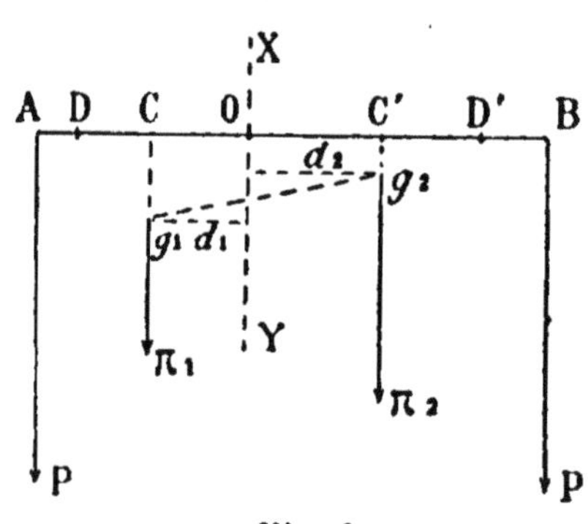

Fig. 8.

$$AD = \frac{\pi_1 AC}{P + \pi_1} = \frac{\pi_1 (l_1 - d_1)}{P + \pi_1}$$

par suite :

$$OD = l_1 - AD = \frac{l_1 P + \pi_1 d_1}{P + \pi_1}.$$

Les forces P' et π_2 se composent en une résultante parallèle à leur direction, égale à leur somme $P' + \pi_2$, appliquée en un point D' tel que (Éq. 3, § 4) :

$$BD' = \frac{\pi_2 \cdot BC'}{P' + \pi_2} = \frac{\pi_2 (l_2 - d_2)}{P' + \pi_2}$$

par suite :

$$OD' = l_2 - BD' = \frac{l_2 P' + \pi_2 d_2}{P' + \pi_2}$$

Pour qu'il y ait équilibre, c'est-à-dire pour que le fléau soit horizontal, il faut que la résultante des deux forces appliquées en D et en D' passe par le point O, c'est-à-dire qu'on ait :

$$(P + \pi_1) \, OD = (P' + \pi_2) \, OD'$$

ou :

$$l_1 P + \pi_1 d_1 = l_2 P' + \pi_2 d_2 \tag{1}$$

Équation qui s'obtient facilement par le théorème des moments (§ 4).

9. Justesse. — Cette équation permet de calculer P' si l'on connaît toutes les autres quantités qui y figurent, mais elle est inadmissible dans la pratique, d'une part parce qu'on ne connaît pas ces quantités difficiles, sinon impossibles, à mesurer, et d'autre part parce qu'on exige que la balance donne le poids sans calcul. Cette condition sera remplie lorsque deux poids égaux suspendus en A et en B se feront équilibre, c'est-à-dire lorsqu'on aura toujours $P = P'$. On dit dans ce cas que la balance est *juste*. Introduisant cette condition dans l'équation (1), il vient :

$$(l_1 - l_2) \, P = \pi_2 d_2 - \pi_1 d_1$$

équation qui ne peut être satisfaite quel que soit P, que si l'on a séparément :

$$l_1 = l_2 \qquad\qquad (2)$$
$$\pi_2 d_2 = \pi_1 d_1 \qquad\qquad (3)$$

La première de ces deux équations de condition exige que les deux bras du fléau soient égaux en longueur ; la seconde montre que la verticale du centre de gravité du fléau entier passe par le point de suspension O.

Les balances usuelles ont des fléaux dont les bras sont symétriques de forme, par rapport à O, de sorte qu'en général $d_1 = d_2$, alors on doit avoir $\pi_1 = \pi_2$ d'où les deux conditions de justesse de la balance : les bras du fléau doivent être égaux en poids et en longueur.

Pour vérifier si ces deux conditions sont remplies dans une balance construite, deux opérations sont nécessaires : 1° On s'assure que le fléau est horizontal lorsqu'il nesupporte aucun poids ; 2° on fait équilibre à un poids P placé en A par un poids P′ placé en B, et on s'assure que l'équilibre persiste lorsqu'on met P à la place de P′ et inversement. La première opération réussie montre que l'équation (3) est satisfaite. La seconde opération donne lieu aux deux équations d'équilibre suivantes déduites de l'équation (1) [§ 8] et de l'équation (3) :

$$l_1 P = l_2 P' \qquad l_1 P' = l_2 P.$$

L'équation (2) $l_1 = l_2$ est une conséquence de la multiplication membre à membre de ces deux dernières.

Si l'on a à sa disposition deux poids égaux, on peut, au lieu d'exécuter la deuxième opération, vérifier que suspendus aux deux extrémités du fléau, ils n'altèrent pas l'horizontalité. L'équation (1) [§ 8] donne facilement encore dans ce cas : $l_1 = l_2$.

10. Double pesée. — On peut peser un corps avec une balance fausse, sans calculs, au moyen de l'artifice suivant : suspendre en B (fig. 8) le corps P' à peser et lui faire équilibre avec une tare quelconque T en A. Appliquant l'équation (1) [§ 8], on a :

$$l_1 T + \pi_1 d_1 = l_2 P' + \pi_2 d_2$$

Enlever le corps P' et rétablir l'équilibre en lui substituant des poids échantillonnés P, on a :

$$l_1 T + \pi_1 d_1 = l_2 P + \pi_2 d_2.$$

Ces deux équations donnent facilement P = P' : donc, quelle que soit la balance, les poids échantillonnés représentent le poids cherché.

11. Sensibilité. — Nous supposerons la balance juste. Lorsqu'il existe entre les poids P et P $+ p$ suspendus au fléau une légère différence p, ce fléau s'incline et prend une position d'équilibre (fig. 9), A' B' faisant un angle α avec sa première position d'équilibre. La balance est dite d'autant plus sensible que, pour une même valeur de p, α est plus grand. La force qui tend à agrandir l'angle α est p, il faut qu'elle ait le plus d'action possible, c'est-à-dire qu'elle agisse sur le bras de levier le plus long possible. La force qui tend à diminuer α est le poids π du fléau ; pour qu'elle ait le moins d'action possible, il faut qu'elle soit aussi faible que pos-

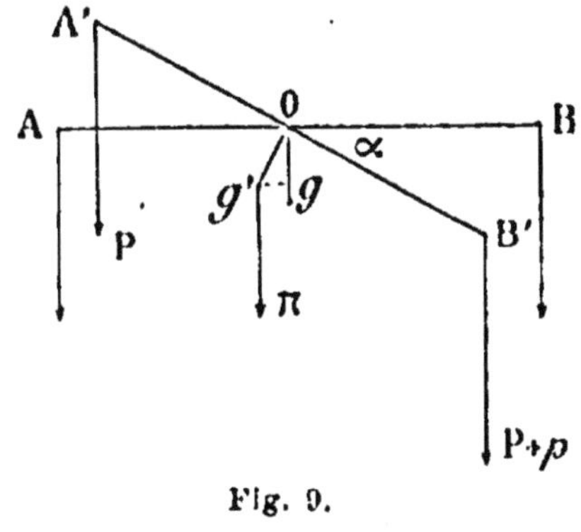

Fig. 9.

sible et qu'elle agisse sur le bras de levier le plus court possible. En résumé, une balance sera d'autant plus sensible que les bras de son fléau seront plus longs et plus légers, et que le centre de gravité de ce fléau sera plus près de son point de suspension.

12. Dynamomètres. — L'expérience apprend que deux poids égaux suspendus successivement à un même ressort, le font fléchir de quantités égales. Les dynamomètres reposent sur ce fait expérimental. Leur forme varie beaucoup. Nous

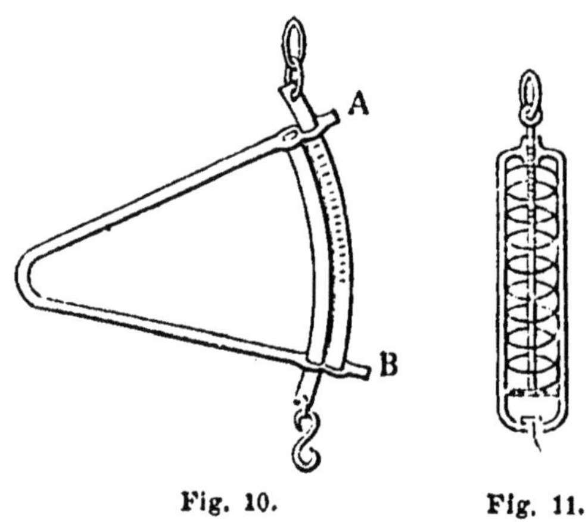

Fig. 10.   Fig. 11.

donnons ci-dessus, figures 10 et 11, les plus usités. Ces figures font suffisamment comprendre le fonctionnement de ces appareils. Dans la figure 10, le ressort en V se ferme d'autant plus que le poids qu'il supporte est plus considérable, de sorte que la branche A s'arrête devant les divisions de l'arc AB. Dans la figure 11, la tige centrale sort d'autant plus du cylindre qui la renferme, par suite de la compression du ressort à boudin, que le poids suspendu est plus fort. On a marqué à l'avance sur l'arc AB (fig. 10) et sur la tige centrale (fig. 11) des divisions correspondantes à l'équilibre obtenu avec des poids de 1, 2, 3 kilogrammes, etc.

13. Lois de la chute des corps. — 1re *loi.* — Tous les corps tombent dans le vide avec la même vitesse. Cette loi qui montre que le mouvement communiqué à un corps par la pesanteur est indépendant de la nature du corps se vérifie de la façon suivante. Dans un tube de verre, aussi long que possible (deux mètres au moins), fermé par un bout, muni à l'autre bout d'une monture métallique à robinet, on met les corps les plus divers tels que balles de plomb, de liège, de bois, plumes, fragments de papier. On fait dans le tube le vide. On observe qu'en retournant brusquement de 180° le tube, d'abord vertical, les divers corps qu'il contient le parcourent dans des temps d'autant plus près d'être égaux que le vide est plus parfait. On en conclut que si l'on pouvait obtenir le vide absolu, tous ces corps tomberaient de la même hauteur dans le même temps, ce qui vérifierait la loi énoncée.

2e *loi.* — Galilée a le premier énoncé ce fait que les espaces parcourus, en chute libre par un corps qui tombe, dans des temps successifs et égaux sont entre eux comme la suite naturelle des nombres impairs. Il résulte de là et d'une remarque faite au §5 que le mouvement dû à la pesanteur est un mouvement uniformément varié et que, par conséquent, les lois de ce mouvement énoncées au §5 et les équations (8), (9), (10), (11) et (12) qui les traduisent algébriquement lui sont applicables.

On peut du reste facilement déduire ces lois de l'observation de Galilée. En effet, soit $\frac{1}{2}g$ l'espace parcouru dans la première seconde, les espaces parcourus dans chacune des t premières secondes seront :

$$\frac{1}{2}g \times 1, \quad \frac{1}{2}g \times 3, \quad \frac{1}{2}g \times 5, \quad \frac{1}{2}g \times 7, \quad \cdots \quad \frac{1}{2}g \times (2t-1)$$

et l'espace parcouru dans l'ensemble de ces t premières secondes sera :

$$e = \frac{1}{2}g\left[1 + 3 + 5 + 7 + \cdots (2t - 1)\right] = \frac{1}{2}gt^{2}. \quad (1)$$

Les équations (2) et (3) du § 5 donnent immédiatement pour la vitesse et l'accélération dans la chute des corps :

$$v = gt \qquad\qquad (2)$$
$$\gamma = g. \qquad\qquad (3)$$

L'accélération g est souvent appelée l'intensité de la pesanteur. Cette dénomination a sa raison d'être dans l'équation 13 du § 6. Si, comme nous l'avons fait au § 5, nous représentons les grandeurs par des majuscules et les nombres par des petites lettres, la loi de proportionnalité des forces aux accélérations s'exprime par l'égalité :

$$\frac{\left(\dfrac{F}{F_{1}}\right)}{\gamma} = \frac{\left(\dfrac{P'}{F_{1}}\right)}{g'} = \frac{\left(\dfrac{P}{F_{1}}\right)}{g} = m \qquad\qquad (4)$$

F étant une force quelconque agissant sur le corps, P' le poids du corps en un lieu où l'accélération est g', P le poids du corps en un lieu où l'accélération est g, à Paris par exemple. On voit par là que le nombre m qui mesure la masse ne dépend que de la nature du corps lorsqu'on a précisé l'unité de force, de longueur et de temps.

Les unités de force, de longueur et de temps adoptées généralement sont : pour la force le poids P_{1} du gramme défini au § 3 ; pour la longueur le mètre ou longueur égale au mètre étalon déposé aux archives du Conservatoire des arts et métiers, lorsque cet étalon est dans la glace fondante ; pour le temps la seconde sexagésimale.

La valeur de g est avec ces unités :

9,8094 à Paris ;
9,7810 à l'équateur ;
9,8311 au pôle.

La masse de un gramme aura pour valeur $\dfrac{1}{g} = \dfrac{1}{9,8094}$ et le poids d'un corps en un point où l'accélération est g' sera donnée par l'équation :

$$\frac{\left(\dfrac{P'}{P_1}\right)}{g'} = \frac{1}{9,8094}. \tag{5}$$

En un même point de la terre, les poids absolus de différents corps sont proportionnels à leur masse ainsi que leurs poids relatifs.

L'intensité de la pesanteur varie aussi avec l'altitude du lieu où on la considère. L'unité du poids définie comme le poids d'un centimètre cube d'eau variera avec la position géographique. Aussi le congrès international de 1881 a-t-il adopté un système d'unités absolues, désigné sous le nom de système CGS, qui ne varie pas avec les lieux.

Les unités qui caractérisent ce système sont :

L'unité de masse, la masse de un gramme ;

L'unité de longueur, le centimètre ;

L'unité de temps, la seconde sexagésimale.

L'unité de force se dérive des précédentes ; c'est la force qui donne à la masse de un gramme une accélération de un centimètre par seconde ; on l'appelle la dyne, on a :

$$\frac{\text{force une dyne}}{\text{force un gramme}} = \frac{\text{accélération un centimètre}}{\text{accélération } 980,94 \text{ centimètres}}.$$

Le poids de un gramme vaut donc à Paris 980,94 dynes ou en nombre rond 981 dynes.

14. Poids spécifique. — Densité. — Définitions. —

Le poids spécifique π d'un corps est le poids de l'unité de volume de ce corps. Conservant nos notations, on a par définition :

$$\pi = \frac{\left(\dfrac{P}{P_1}\right)}{\left(\dfrac{V}{V_1}\right)}. \qquad (6)$$

En un autre lieu de la terre, les unités de poids et de volume étant conservées, on aura pour le même corps un nouveau poids spécifique :

$$\pi' = \frac{\left(\dfrac{P'}{P_1}\right)}{\left(\dfrac{V}{V_1}\right)} \qquad (7)$$

d'où

$$\pi' = \pi \frac{g'}{g}. \qquad (8)$$

Le poids spécifique ainsi défini varie avec l'intensité de la pesanteur.

Pour un autre corps de même volume on aura :

$$\pi_0 = \frac{\left(\dfrac{P_0}{P_1}\right)}{\left(\dfrac{V}{V_1}\right)} \qquad \pi_0' = \frac{\left(\dfrac{P_0'}{P_1}\right)}{\left(\dfrac{V}{V_1}\right)} \qquad (9)$$

en deux lieux différents ;

d'où

$$\frac{\pi}{\pi_0} = \frac{\pi'}{\pi_0'} = \frac{P}{P_0} = \frac{P'}{P_0'}. \qquad (10)$$

Ce rapport est indépendant du lieu. Sa valeur est donnée par les tables de poids spécifique lorsque le terme de comparaison est l'eau à 4° C. C'est pourquoi on dit que le poids spécifique d'un corps est le rapport du poids d'un certain volume du corps au poids du même volume d'eau à 4°.

À Paris $\pi_0 = 1$; dans un lieu où l'accélération de la pesanteur est g', on a :

$$\pi_0' = \pi_0 \frac{g'}{g} = \frac{g'}{g}. \qquad (11)$$

La formule qui donne le poids, connaissant le volume et le poids spécifique, est :

$$\left(\frac{P'}{P}\right) = \left(\frac{V}{V_1}\right)\left(\frac{\pi'}{\pi_0'}\right)\pi_0' = \left(\frac{V}{V_1}\right)\left(\frac{\pi}{\pi_0}\right)\frac{g'}{g}. \qquad (12)$$

À Paris, $\dfrac{g'}{g} = 1$. Ailleurs, $\dfrac{g'}{g}$ a une valeur différente, mais assez voisine de 1 pour qu'on puisse pratiquement la négliger dans la plupart des cas.

La densité d est la masse de l'unité de volume, on aura donc :

$$d = \frac{m}{\left(\dfrac{V}{V_1}\right)} = \frac{\left(\dfrac{P}{P_1}\right)\dfrac{1}{g}}{\left(\dfrac{V}{V_1}\right)} = \frac{\left(\dfrac{P'}{P_1}\right)\dfrac{1}{g'}}{\left(\dfrac{V}{V_1}\right)}. \qquad (13)$$

La densité est donc indépendante de g. De ces équations on tire :

$$d = \frac{\pi}{g} = \frac{\pi'}{g'}. \qquad (14)$$

A Paris pour l'eau à 4°, on a : $\pi_0 = 1$ et si d_0 est la densité de l'eau : $d_0 = \dfrac{1}{g}$

d'où :

$$\frac{d}{d_0} = \frac{\pi}{\pi_0} = \frac{\pi'}{\pi_0},. \qquad (15)$$

Si on rapporte les densités des corps à celle de l'eau à 4°, elles seront représentées par les mêmes nombres que les poids spécifiques, aussi prend-on souvent l'une de ces expressions pour l'autre.

L'équation 12, qui est d'un fréquent usage, s'écrit souvent :

$$P = V \cdot d = V\pi \qquad (16)$$

en convenant de prendre comme unité de poids le poids de l'eau distillée à 4° qui remplirait l'unité de volume adoptée pour mesurer V et de rapporter les poids spécifiques et les densités à ceux de l'eau ; mais π et d dans cette dernière équation représentent, d'une façon abrégée, les quotients $\dfrac{\pi}{\pi_0} = \dfrac{d}{d_0}$ précédents.

Exemple : Le poids spécifique du mercure est 13,6. On demande le poids de ce métal qui remplit un vase ayant la forme d'un tronc de cône dont les rayons de base sont 5 et 2 centimètres et la hauteur 8 centimètres. L'application directe de l'équation (16) et de la formule géométrique qui donne le volume du tronc de cône permet d'écrire :

$$P = \frac{1}{3}\pi \cdot 8\,(5^2 + 2^2 + 5 \times 2) \times 13,6 = 4443,18 \text{ grammes.}$$

15. Vérifications expérimentales des lois de la chute des corps. — En principe, il suffirait de mesurer les espaces parcourus par un corps tombant en chute libre pendant des temps variables mais connus et de constater que ces espaces sont entre eux comme les carrés des temps employés à les parcourir, mais la rapidité du mouvement est un obstacle à des mesures précises. On a alors recours à un artifice qui consiste à substituer au mouvement réel du corps qui tombe librement un mouvement qui obéit aux mêmes lois, mais avec une vitesse moins grande.

Supposons une poulie absolument mobile autour de son centre soutenant sur sa gorge un fil très léger supportant (fig. 12) deux poids égaux P. Si nous faisons abstraction du poids du fil, ces deux corps seront en équilibre quelle que soit leur position. Plaçons sur l'un deux un poids additionnel p, le système se mettra en mouvement et admettons que nous ayons vérifié que ce mouvement est uniformément accéléré et doué de l'accélération g', nous pourrons en conclure que le mou

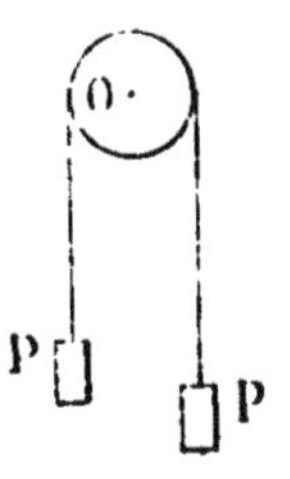

Fig. 12.

vement en chute libre est uniformément accéléré. En effet, le poids moteur est p, la masse qu'il entraîne est $2\,M + m$ en appelant M et m les masses de l'un des poids P et p, on a donc (Éq. 4, § 13):

$$(2\,M + m)\,g' = p.$$

On a d'ailleurs :

$$mg = p.$$

Donc :

$$g = \frac{2M + m}{m}\,g' = \frac{2P + p}{p}\,g'.$$

Si g' est constant, g l'est également. Il suffit donc de montrer que le mouvement du poids P ci-dessus est un mouvement uniformément accéléré.

Dans la machine d'Atwood, la poulie de la figure 12 est montée avec des précautions spéciales pour diminuer les frottements sur le sommet d'une haute colonne de bois. Une règle verticale divisée, placée le long du trajet du poids P surchargé de la masse additionnelle p, permet de mesurer les espaces pendant qu'une horloge fixée à la colonne permet de mesurer les temps correspondants.

16. — On peut aussi, grâce à l'appareil Morin, vérifier directement ces lois. Considérons (fig. 13) un cylindre verti-

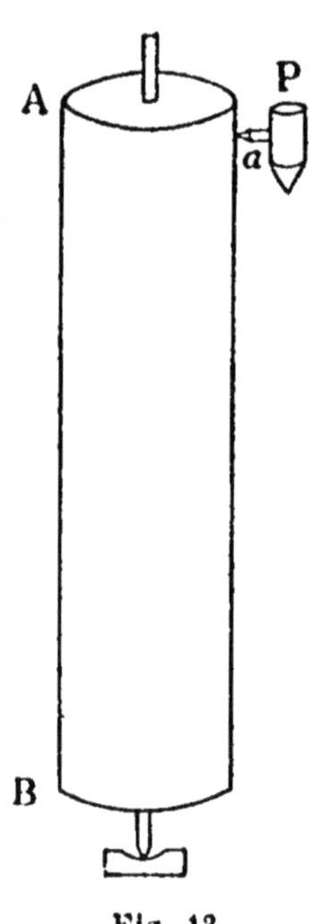

Fig. 13.

cal AB pouvant tourner autour de son axe d'un mouvement uniforme. Ce cylindre est recouvert d'une feuille de papier sur laquelle on a tracé des génératrices équidistantes, 10 par exemple. Un poids P peut, en tombant à côté du cylindre, frotter dans sa chute le papier cylindrique avec un crayon a dont il est muni. Si le cylindre est immobile et que le corps tombe, la ligne tracée par le crayon sera une génératrice ; si le cylindre tourne et que le poids soit immobile, la ligne tracée sera un cercle perpendiculaire aux génératrices. Si le cylindre tourne uniformément en même temps que le poids tombe, la ligne tracée sera différente des deux premières. Cela posé, coupons la feuille de papier suivant la génératrice au contact de laquelle le crayon se trouvait au moment où la chute du poids a commencé et développons-la sur un plan, nous aurons la figure 14. OA est le développement de la circonférence de base supérieure du cylindre, OB est la génératrice origine. Soit t le temps employé par l'une quelconque des génératrices pour prendre la place de la précédente par suite

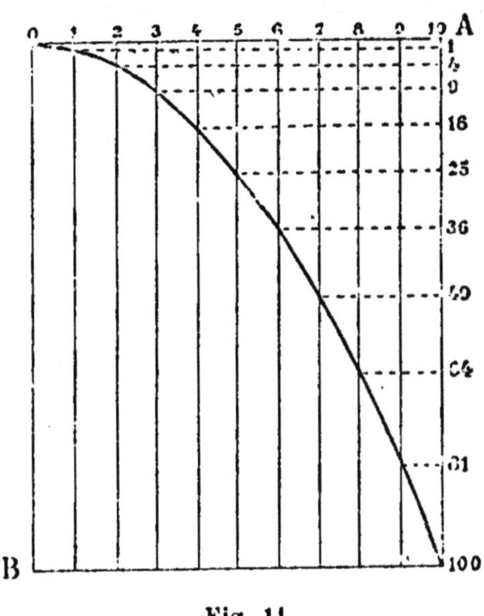

Fig. 11.

de la rotation uniforme du cylindre; les génératrices successives se trouveront à la place de la génératrice origine, c'est-à-dire en face du crayon au bout des temps t, $2t$, $3t$..., etc., comptés à partir de l'instant du départ du poids P. Pendant ces temps, P aura parcouru des espaces représentés sur la figure par la longueur de la génératrice correspondante comprise entre la courbe et la ligne OA. Il suffira donc de mesurer ces longueurs et de vérifier qu'elles croissent comme les carrés des nombres entiers successifs à partir de 1. La figure est faite en supposant que le cylindre fait à très peu près 10 tours par seconde.

17. Exercices sur la pesanteur. — 1° Étude du mouvement d'un corps pesant lancé verticalement de bas en

haut avec une vitesse initiale a. Le corps monte et à chaque instant sa vitesse et l'espace sont donnés par les équations (11 et 12 du § 5) appliquées à ce cas particulier :

$$v = a - gt \qquad\qquad (1)$$

$$e = at - \frac{1}{2} g \quad . \qquad\qquad (2)$$

Il s'arrêtera lorsque sa vitesse sera nulle, c'est-à-dire au bout du temps $t = \frac{a}{g}$ (Éq. 1), et l'espace qu'il aura parcouru sera donné par l'équation (2) dans laquelle $t = \frac{a}{g}$. Il arrivera donc à la hauteur $\frac{a^2}{2g} = OA$ (fig. 15).

Au bout du temps θ, sa vitesse est $a - g\theta$ et l'espace qu'il a parcouru $OM = a\theta - \frac{1}{2} g\theta^2$.

Il redescend sans vitesse initiale, son mouvement est réglé par les équations du § 5; appliquées à ce cas particulier, elles donnent :

$$v = gt \qquad\qquad (3)$$

$$e = \frac{1}{2} gt^2. \qquad\qquad (4)$$

En arrivant en M, il a parcouru $AM = OA - OM$

$= \frac{a^2}{2g} - a\theta + \frac{1}{2} g\theta^2$, il lui a fallu un temps t donné par l'équation (4) qui s'écrit :

$$\frac{a^2}{2g} - a\theta + \frac{1}{2} g\theta^2 = \frac{1}{2} gt^2$$

d'où

$$t = \frac{a}{g} - \theta.$$

Il mettra donc pour descendre de A en M un temps égal à celui qu'il a mis pour monter de M en A. Sa vitesse en M est donnée par l'équation (3) qui s'écrit :

$$v = g\left(\frac{a}{g} - \theta\right) = a - g\theta.$$

Elle est donc égale à celle qu'il avait en M pendant le mouvement ascendant.

On peut conclure de là et vérifier ensuite au moyen des équations (3) et (4) que son mouvement complet de descente durera le temps $\frac{a}{g}$ et qu'en arrivant au sol sa vitesse sera a.

2° On demande quel doit être le rapport x du poids additionnel p à l'un des poids P d'une machine d'Atwood pour que l'espace parcouru pendant la première seconde du mouvement de la partie mobile soit de dix centimètres à Paris.

L'équation du § 15 :

$$g = \frac{2P + p}{p} g'$$

donne en remplaçant g par sa valeur (§ 13) et $\frac{p}{P}$ par x

$$9,8094 = \frac{2 + x}{x} g'$$

d'autre part, g' est le double du chemin parcouru pendant la première seconde du mouvement, puisque ce mouvement est régi par la loi représentée par l'équation

$$e = \frac{1}{2} g' t^2$$

donc $g' = 0,20$ mètres, et x est donné par l'équation

$$9,8094 = \frac{2 + x}{x} 0,20$$

d'où

$$x = \frac{0,40}{9,6094} \qquad \text{ou} \qquad \frac{1}{24} \text{ environ.}$$

18. Le pendule. — Un corps pesant quelconque mobile autour d'un axe horizontal ne passant pas par le centre de gravité, constitue un pendule. Lorsque ce corps est écarté de sa position d'équilibre, il y revient après une série d'oscillations de part et d'autre. Dans le cas idéal où ce corps serait soumis seulement à l'action de la pesanteur, c'est-à-dire soustrait à la résistance de l'air et suspendu de manière à éviter tout frottement pendant son mouvement, ces oscillations se reproduiraient indéfiniment. Le mouvement ainsi obtenu est dit oscillatoire ou pendulaire. Le corps oscillant s'appelle un pendule composé par opposition au pendule simple que nous considérerons seul dans l'énoncé des lois du mouvement oscillatoire. Le pendule simple est formé d'un point matériel suspendu en un point fixe par un fil sans poids et inextensible. C'est un appareil idéal dont on se rapproche assez en suspendant à un point fixe par un fil fin une petite sphère lourde.

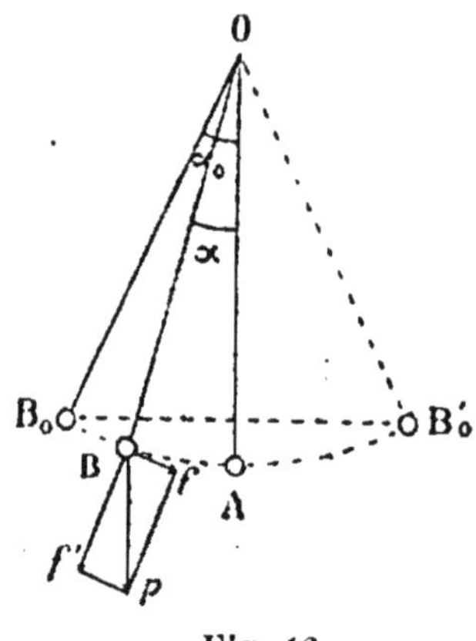

Lorsqu'un pareil corps A (fig. 16) est écarté de sa position d'équilibre A d'un angle α_0 en O, il revient à cette position, la dépasse d'une quantité égale, revient en sens contraire, atteint de nouveau OB_0 et ainsi de suite, pourvu que toutes les conditions indiquées plus haut soient remplies. Considérons le pendule dans la position quelconque OB faisant avec OA un angle α. Au point

B est appliqué le poids p parallèlement à la verticale OA. A cette force p on peut substituer ses deux composantes f et f' suivant deux directions dont l'une est perpendiculaire au fil et l'autre sur son prolongement. La force f' ne fait que tendre le fil, la force

$$f = p \sin \alpha. \qquad (1)$$

est seule efficace pour produire le mouvement. On voit donc que ce corps en mouvement est soumis à une force qui varie sans cesse en intensité et en direction : f varie de $p \sin \alpha_0$ à 0 lorsque le pendule va de OB_0 à OA ; la position OA est dépassée en vertu de la vitesse acquise, la force f agit alors en sens contraire du mouvement, elle devient retardatrice et son action antérieure sera complètement épuisée lorsque OB aura atteint la position OB'_0 symétrique de OB_0 par rapport à OA.

Ce mouvement pendulaire est dit périodique parce qu'il est caractérisé par ce fait que la vitesse passe par des valeurs égales à des intervalles de temps égaux.

L'angle maximum d'écart s'appelle l'amplitude de l'oscillation.

Dans le cas où cette amplitude est très petite, le calcul montre que la durée t d'une oscillation est liée à la longueur l du pendule et à l'intensité de la pesanteur par la formule :

$$t = \pi \sqrt{\frac{l}{g}} \qquad (2)$$

c'est-à-dire que :

La durée de l'oscillation est indépendante de la matière qui forme le poids matériel, de l'amplitude des oscillations, proportionnelle à la racine carrée de la longueur et en raison inverse de la racine carrée de l'intensité de la pesanteur. Si nous employons les notations du § 5, l'équation (2) s'écrira :

$$\left(\frac{T}{T_1}\right) = \pi \sqrt{\frac{\left(\frac{L}{L_1}\right)}{g}}.$$

Soient l', l', g' les mesures de ces diverses grandeurs en prenant les unités T'_1 et L'_1 telles que

$$\frac{T_1'}{T_1} = t_1' \qquad \frac{L_1'}{L_1} = l_1'.$$

L'égalité précédente peut s'écrire :

$$\left(\frac{T}{T_1'}\right)\left(\frac{T_1}{T_1}\right) = \pi \sqrt{\frac{\left(\frac{L}{L_1'}\right)\left(\frac{L_1'}{L_1}\right)}{g}}$$

et en tenant compte de l'équation (7) [§ 5] :

$$t' t_1' = \pi \sqrt{\frac{l' l_1'}{g' \frac{l_1'}{t_1'^2}}} \quad \text{ou} \quad l' = \pi \sqrt{\frac{l'}{g'}}.$$

La formule (2) est donc indépendante du choix des unités, pourvu que g soit l'accélération correspondante aux unités choisies.

Les lois énoncées ci-dessus se vérifient facilement : 1° en constatant que des pendules, se rapprochant autant que possible du pendule simple, de même longueur et dont les sphères pesantes sont faites avec des corps divers, accomplissent leur oscillation dans le même temps ; 2° en constatant que les durées d'oscillations de divers pendules dont les longueurs sont entre elles comme les carrés 1, 4, 9, 16, sont proportionnelles aux racines de ces carrés 1, 2, 3, 4.

19. Remarque. — Le calcul qui établit l'équation (2) du paragraphe précédent exige de la force qui produit le mouvement oscillatoire la seule condition qu'elle reste constante et parallèle à elle-même. Il résulte de là que, toutes les fois qu'un corps mobile autour d'un axe sera soumis à une force constante en intensité et en direction, ses oscillations seront régies par les lois du mouvement pendulaire.

La loi qui rend la durée des oscillations indépendante de l'amplitude est dite loi de l'isochronisme des oscillations qui sont dites isochrones.

20. Applications du pendule. — L'équation (2) permet de calculer l'une quelconque des trois quantités t, l, g quand on connaît les deux autres.

1° C'est en mesurant la durée de l'oscillation d'un pendule de longueur connue qu'on a déterminé la valeur de g.

2° Si la valeur de g est connue en un lieu, on peut calculer la longueur du pendule dont on connaît la durée d'oscillations.

Ainsi, par exemple, la longueur du pendule qui bat la seconde à Paris sera donnée par l'équation :

$$1 = \pi \sqrt{\frac{l}{9,8094}}$$

d'où

$$l = \frac{9,8094}{\pi^2} = 0,99389 \text{ mètres.}$$

21. Régularisation des horloges. — Le moteur d'une horloge est un poids qui tombe. Ce poids, soutenu par une corde enroulée sur un treuil, en tombant, fait tourner le treuil, l'une des bases est munie d'une roue dentée qui communique son mouvement à tout le système de roues d'engrenage et par suite aux aiguilles de l'horloge qui sont liées à certaines de ces roues convenablement choisies. Le poids dans sa chute prend un mouvement uniformément accéléré, il en sera donc de même de toutes les roues et des aiguilles de l'appareil. Pour obvier à cet inconvénient on arrête la chute du poids à des intervalles de temps égaux, toutes les secondes par exemple. Pendant ces secondes successives le corps tombe toujours de la même quantité, les rouages et les aiguilles tournent toujours du même angle et, en définitive, les aiguilles parcourent le même nombre de divisions du cadran dans le même nombre entier de secondes. Leur mouvement pourrait s'appeler périodiquement uniforme. Pour obtenir ce résultat, un pendule AB (fig. 17) oscille et fait osciller deux bras CD, CE qui lui sont fixés constituant une ancre. Chaque fois que le pendule AB est arrivé à l'une des extrémités de sa course, les goupilles EF ou DH s'enfoncent entre les dents d'une roue à rochet O calée sur le treuil, arrêtent le mouvement de cette roue et, par suite, le treuil et le poids moteurs. Les oscillations du pendule étant isochrones et durant une seconde, le but cherché sera atteint. Nous n'avons assigné la durée de une seconde à l'oscillation du pendule que pour fixer les idées. L'arrêt dans la chute du poids pourrait se faire

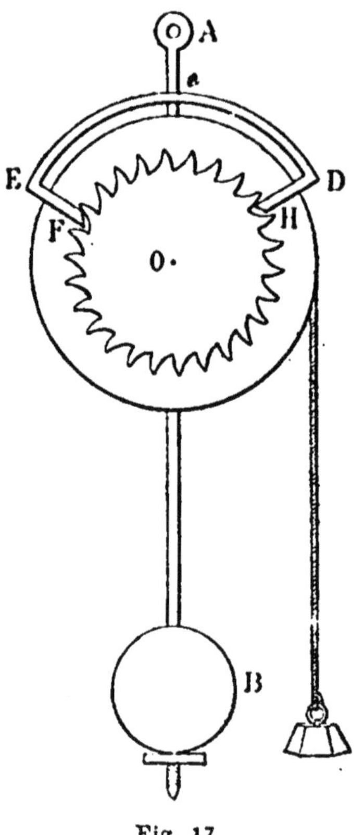

Fig. 17.

au bout d'intervalles de temps quelconques, pourvu que ces temps soient égaux. Le seul principe sur lequel repose cette régularisation est celui de l'isochronisme des oscillations du pendule.

———

HYDROSTATIQUE.

22. — L'hydrostatique est l'étude des conditions d'équilibre des liquides pesants ; elle est dominée par le principe de Pascal.

23. Principe de Pascal. — Ce principe, que l'on peut considérer comme un fait expérimental, s'énonce de la manière suivante :

Lorsqu'un liquide, enfermé dans un vase, est soumis à une pression extérieure, toutes les surfaces planes que l'on peut considérer dans l'intérieur du vase éprouvent des pressions qui leur sont normales et proportionnelles à l'étendue de leur surface.

Supposons que l'on exerce sur une surface S d'un liquide une pression P, évaluée en unité de poids, chaque unité de cette surface supportera une pression $p = \dfrac{\mathrm{P}}{\mathrm{S}}$ et toutes les unités de surfaces qu'on peut choisir dans le liquide supporteront une pression égale à p. Il résulte de là qu'une surface S' supportera une pression :

$$\mathrm{P}' = p\mathrm{S}' = \mathrm{P}\frac{\mathrm{S}'}{\mathrm{S}}.$$

En d'autres termes, lorsque l'unité de surface, un centimètre carré par exemple, supportera une pression de un kilogramme, des surfaces de 1, 2, 10, 100 centimètres carrés dans l'intérieur du liquide supporteront des pressions de 1, 2, 10, 100 kilogrammes. Ou encore si l'on exerce sur des surfaces de 1, 2, 10, 100 centimètres carrés des pressions de 1, 2, 10, 100 kilogrammes, chaque centimètre carré supportera dans tous les cas une pression de un kilogramme.

L'application suivante à la presse hydraulique peut être considérée comme une vérification expérimentale de ce principe.

Il résulte de là que la pression que supporte un liquide en une de ses parties ne sera complètement définie que si, avec sa valeur évaluée en unités connues, on donne la surface sur laquelle elle s'exerce, également évaluée en unités connues. Ces deux unités sont complètement indépendantes l'une de l'autre. On dira par exemple indifféremment une pression de un kilogramme par centimètre carré ou une pression de 10000 kilogrammes par mètre carré.

24. Presse hydraulique. — Cet appareil peut être considéré en même temps comme une application du principe de Pascal et comme en permettant la vérification.

Il se compose (fig. 18) de deux corps de pompe de sections inégales, communiquant entre eux et munis chacun d'un piston A et B dont les sections sont S et s. Si on fait sur le piston B un effort p, la pression se transmet au piston A et sollicite celui-ci à monter avec une force :

$$P = \frac{S}{s} p.$$

On peut ainsi, au moyen de forces relativement faibles, soulever des poids considérables placés sur la plate-forme D ou presser avec une grande énergie des objets placés entre cette plate-forme et un obstacle fixe placé au-dessus en E. On opère généralement la pression voulue sur le cylindre B au moyen d'un levier OC. Enfin, pour que le petit corps de pompe soit toujours plein, il est agencé avec son piston en pompe foulante.

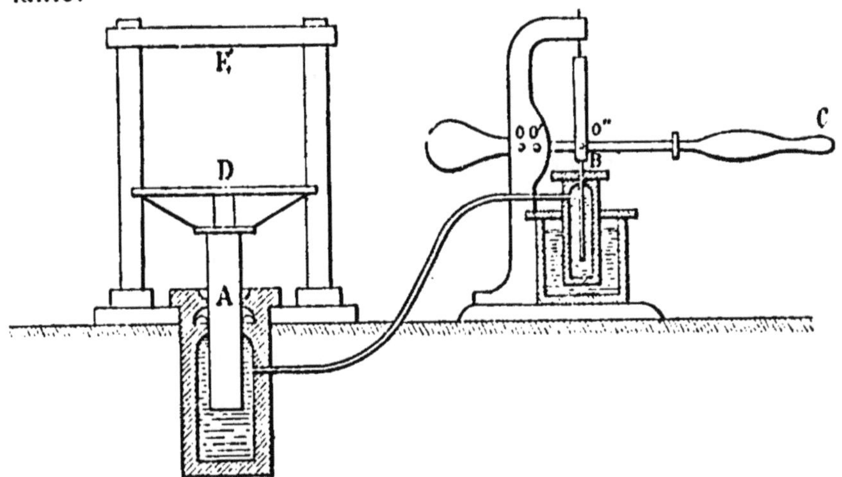

Fig. 18.

Remarquons que, dans cet appareil, le chemin parcouru h par la plate-forme D est au chemin parcouru H par le piston B dans le rapport de s à S, de sorte qu'on a :

$$hS = Hs$$

équation qui, combinée avec la précédente, donne :

$$Ph = pH.$$

Cette relation est du reste une conséquence d'un théorème de mécanique générale.

Application numérique. — Dans la presse hydraulique de la figure 18, on a :

$$OO'' = 10 \text{ centimètres}, \quad oc = 1 \text{ mètre}, \quad s = 1 \text{ décimètre carré},$$
$$S = 1 \text{ mètre carré}.$$

On demande l'effort exercé en D pour un effort de 25 kilogrammes exercé en C.

Soit x la pression produite en B, cette force est parallèle à celle de 25 kilogrammes appliquée en C et la résultante de ces deux forces passe en O, on a donc (§ 3)

$$25 \times OC = x \times OO''.$$

$$x = 25 \times \frac{OC}{OO''} = 25 \times 10 = 250 \text{ kilogrammes.}$$

La pression qui se transmet en D aura pour valeur :

$$P = x \times \frac{S}{s} = 250 \times 100 = 25000 \text{ kilogrammes.}$$

25. Propriétés générales des liquides pesants en équilibre. — Ces propriétés se déduisent toutes du principe de Pascal par le seul secours du raisonnement et peuvent se constater expérimentalement, ce qui constitue une vérification de plus de ce principe.

26. Cas d'un liquide placé en équilibre dans un vase. — 1. La surface libre est un plan horizontal. En effet, si en un point la surface libre avait une inclinaison quelconque, le poids vertical d'une molécule qui s'y trouve pourrait donner naissance à une composante tangentielle à cette surface. La molécule dont la mobilité est parfaite ne pourrait s'y trouver en équilibre.

La vérification de ce fait repose sur ce principe que l'image d'un fil à plomb formée par la surface réfléchissante du liquide est symétrique de ce fil par rapport à cette surface. Ceci admis, on constate que l'on peut se placer dans une position telle qu'un second fil à plomb cache en même temps le premier fil et son image et cela quelle que soit la position du second fil par rapport au premier.

L'image du fil à plomb se trouve donc à l'intersection de tous les plans que l'on peut mener par ce fil à plomb, c'est-à-dire sur le prolongement de ce fil. La surface du liquide est alors perpendiculaire au fil à plomb, c'est-à-dire horizontale.

II. La pression que supporte un élément plan situé dans l'intérieur d'un liquide est égale au poids d'une colonne de liquide ayant pour base l'élément et pour hauteur sa distance à la surface de niveau.

Remarquons d'abord que deux éléments de même surface situés sur un plan horizontal supportent des pressions égales. Les pressions étant indépendantes de leur direction (§ 23), on peut supposer ces éléments verticaux et considérer le cylindre horizontal dont ils sont les bases. Ce cylindre est en équilibre, donc toutes les forces auxquelles il est soumis se détruisent. Les pressions qui s'exercent sur ses génératrices se détruisent deux à deux; il ne reste que celles qui sont sur les bases qui doivent alors être égales et de sens contraires.

Les éléments qui forment les bases supportaient donc des pressions égales avant d'être placées verticalement.

La vérification de cette conclusion se fait au moyen de l'obturateur. C'est un cylindre de cristal ouvert aux deux bouts. L'une de ses extrémités est suffisamment dressée pour qu'elle puisse se fermer hermétiquement par un plan de verre également bien dressé (fig. 19).

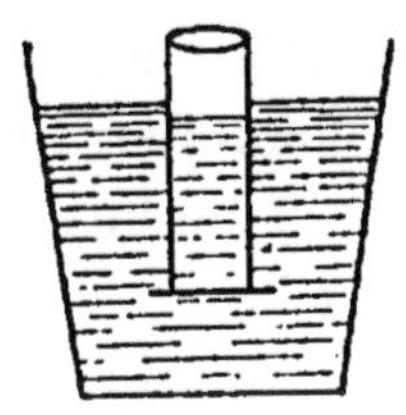

Fig. 19.

Ce cylindre fermé est plongé dans l'eau jusqu'à une certaine profondeur. On observe alors la hauteur d'eau qu'il faut verser dans le cylindre pour que le plan de verre se détache et on constate qu'elle est toujours la même, quelle que soit la position de l'obturateur, pourvu qu'il soit toujours sur un même plan horizontal.

Cette expérience permet d'évaluer cette pression et de vérifier le principe énoncé en tête de ce paragraphe en remarquant que plus le plan de verre est léger plus le niveau de l'eau versée dans le cylindre au moment où il tombe est voisin de la surface de niveau extérieure.

III. Il résulte immédiatement de ce qui précède que, quelle que soit la forme d'un vase contenant un liquide en équilibre, la pression sur le fond est égale au poids d'une colonne de liquide ayant pour base le fond et pour hauteur la distance de ce fond au niveau du liquide.

Imaginons des vases fermés à la manière de l'appareil précédent par des obturateurs de surfaces égales, ces vases ayant les formes les plus variées. Soutenons ces vases par un sup-

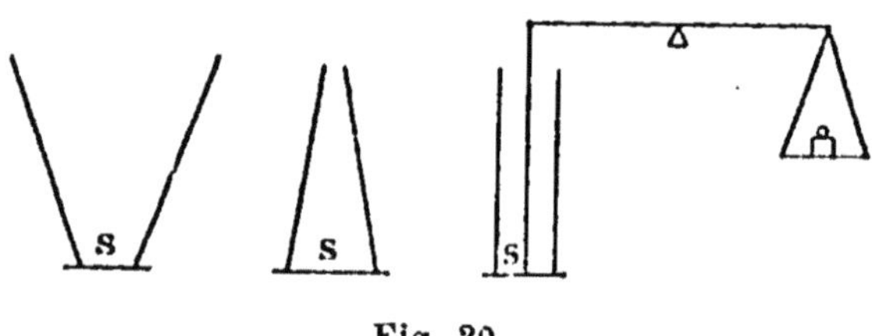

Fig. 20.

port fixe et l'obturateur (fig. 20) en l'attachant à l'un des bras du fléau d'une balance, l'autre bras supportant un poids quelconque. Nous constaterons qu'il faut, dans tous ces vases, verser de l'eau à la même hauteur pour que l'obturateur se détache.

IV. La pression sur une paroi est égale au poids d'une colonne de liquide ayant pour base la paroi et pour hauteur la distance verticale de son centre de gravité à la surface de niveau.

Découpons la surface de la paroi en une grande quantité

d'éléments superficiels ω, ω', ω''..... Appelons h, h', h''..... les distances verticales de ces éléments à la surface. Ces éléments supporteront individuellement comme pression le poids de colonnes liquides dont les volumes sont ωh, $\omega'h'$, $\omega''h''$..... Si π est le poids de l'unité de volume du liquide, ces pressions seront :

$$\pi\omega h, \quad \pi\omega'h', \quad \pi\omega''h''\cdots$$

La pression totale P sur la paroi sera :

$$\mathrm{P} = \pi\,(\omega h + \omega'h' + \omega''h'' + \cdots). \qquad (1)$$

Appelons p le poids de l'unité de surface de la paroi, $p\omega$, $p\omega'$, $p\omega''$..... seront les poids des éléments superficiels ω, ω', ω''..... et $p\omega h$, $p\omega'h'$, $p\omega''h''$..... seront les moments de ces poids par rapport à la surface de niveau. La somme de ces moments égale (§ 4) le moment de la résultante. Cette résultante est le poids $p\mathrm{S}$, en désignant par S la surface de la paroi, elle est appliquée au centre de gravité de la paroi dont nous désignerons par H la distance verticale au niveau du liquide. On a donc :

$$p\,(\omega h + \omega'h' + \omega''h''\cdots) = p\mathrm{SH}.$$

L'équation (1) devient alors

$$\mathrm{P} = \pi\mathrm{SH}$$

ce qui était à démontrer.

Le point d'application de cette force s'appelle le centre de pression. Il est toujours au-dessous du centre de gravité, car ce dernier point est le point d'application de forces que l'on peut prendre toutes égales entre elles tandis que le centre de pression est le point d'application de forces qui croissent avec la profondeur à laquelle se trouve leur point d'application.

Cas de plusieurs liquides dans un même vase. — Ces liquides n'ont pas en général le même poids par unité de volume. Ils se superposent les uns aux autres par ordre de densités, les plus lourds au fond, et leur surface de séparation sont des plans horizontaux. S'il n'en n'était pas ainsi, les éléments de même surface situés sur la même tranche horizontale ne supporteraient pas des pressions égales.

27. — *Cas d'un liquide dans plusieurs vases communiquants.* — Plusieurs vases communiquants peuvent être considérés comme un seul vase d'une forme différente. Si nous remarquons que tout ce qui précède est complètement indépendant de la forme des vases, nous pouvons l'appliquer à ce nouveau cas. Il résulte de là que les surfaces dans tous ces vases, dont l'ensemble peut être considéré comme la surface libre dans un vase unique, seront placées et situées sur un même plan horizontal.

Cas de deux liquides dans deux vases communiquants. — Supposons que nous versions un liquide de densité d dans les vases communiquants V, V' (fig. 21), les niveaux A et A' seront, d'après le paragraphe précédent, sur un même plan horizontal. Versons en V' un second liquide de densité $d' < d$. Les niveaux du premier liquide viendront en A_1 et A_1' et celui du dernier liquide en A_2. Écrivons que deux éléments de même surface ω pris dans chacun des deux vases sur le plan de séparation des deux liquides A_1 B_1 supportent des pressions égales. Pour cela désignons par h et h' les hauteurs de A_1 et de A_2 au-dessus du plan A_1 B_1, et remarquons que chaque élément supporte une

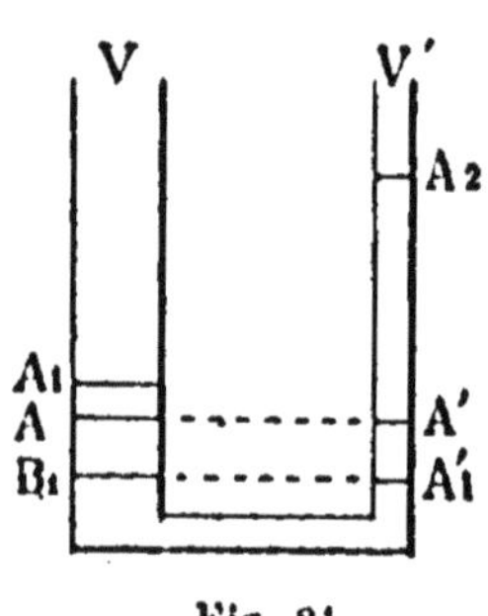

Fig. 21.

pression égale au poids de la colonne de liquide qui se trouve au-dessus de lui. On a donc :

$$\omega h d = \omega h' d' \quad \text{ou} \quad h d = h' d'$$

c'est-à-dire que les hauteurs des niveaux au-dessus du plan de séparation des liquides sont en raison inverse de leur densité.

28. Applications. — I. *Niveau d'eau.* — Le niveau d'eau se compose de deux fioles de verre sans fond fixées aux deux

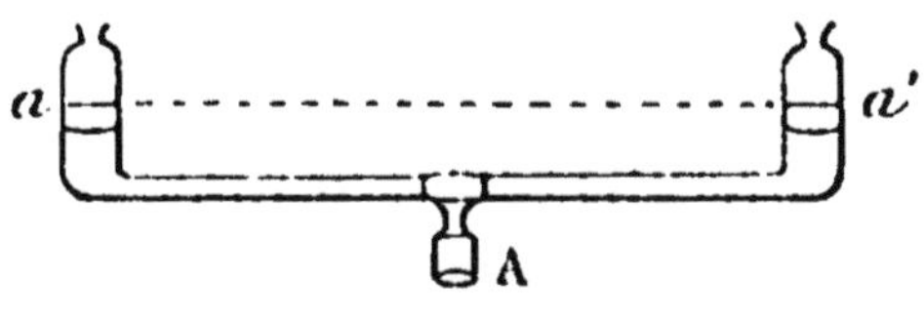

Fig. 22.

bouts d'un tube métallique perpendiculaire à leur axe (fig. 22).

L'appareil étant posé sur un trépied au moyen de la douille A, on verse de l'eau dans son intérieur jusqu'à ce que les niveaux paraissent en *a* et *a'*. La ligne *aa'* est rigoureusement horizontale. Tous les objets qui se trouveront sur la ligne de visée *aa'* seront sur une même horizontale. Pour évaluer la différence de niveau de deux points S et S' du sol, un aide pose en S une règle divisée munie d'un voyant mobile, et il élève ou abaisse le voyant jusqu'à ce que l'observateur voie le centre du voyant sur la ligne de visée *aa'*. L'aide note la division de la règle où se trouve le voyant, et se transportant au point S', les mêmes opérations sont recommencées. La quantité dont il a fallu déplacer le voyant est la différence de niveau cherchée.

II. *Niveau à bulle d'air* (fig. 23).— Un tube de verre ayant la forme d'un arc de tore contient de l'eau et une bulle d'air. Ce tube repose par ses extrémités A et B sur une planchette métallique. Si cette planchette AB repose sur un plan horizontal, le centre de la bulle d'air sera au milieu du tube ; si AB n'est pas parfaitement horizontal, le centre de la bulle d'air sera au point où la tangente au tube est horizontale. Il est facile de voir que la distance comptée en degrés du centre de la bulle au milieu du tube mesure l'inclinaison de AB sur l'horizon. Pour s'assurer avec cet appareil de l'horizontalité d'une direction tracée sur un plan, il faut le poser sur ce plan suivant cette direction et voir si la bulle est au milieu du tube. Pour s'assurer qu'un plan est horizontal, il sera nécessaire et suffisant de s'assurer de l'horizontalité de deux directions tracées dans ce plan.

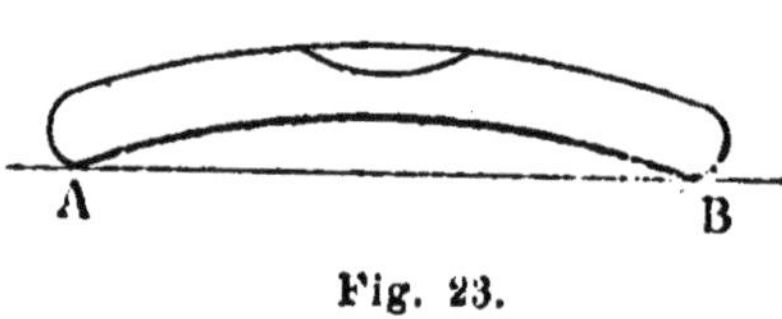

Fig. 23.

29. Applications numériques. — I. Nous avons trouvé

(§ 14) qu'un vase, ayant la forme d'un tronc de cône dont les bases ont 5 et 2 centimètres de rayon et la hauteur a 8 centimètres, contenait, complétement rempli, 4443,48 grammes de mercure, on demande la pression sur le fond : 1° p, quand le vase repose sur la grande base ; 2° p', quand il repose sur la petite base. On demande encore la pression p'' sur la section du vase faite à égale distance des deux bases. On a immédiatement (§ 26-III) :

$$p = \pi \times 5^2 \times 8 \times 13,6 = 8545,152 \quad \text{grammes}$$
$$p' = \pi \times 2^2 \times 8 \times 13,6 = 1367,224 \quad —$$
$$p'' = \pi \left(\frac{5+2}{2}\right)^2 \times 4 \times 13,6 = 2093,562 \quad —$$

II. Un plan rectangulaire (fig. 24) ayant pour côtés a et b est plongé verticalement dans l'eau de manière que le côté a soit dans la surface de niveau. On demande la pression qu'il supporte. On demande en outre de mener une parallèle à la base telle que le rapport de la pression supportée par le rectangle supérieur à celle supportée par le rectangle inférieur soit égal à un nombre donné m. On a (§ 26-IV) pour valeur de la pression totale supportée par le rectangle dans son entier :

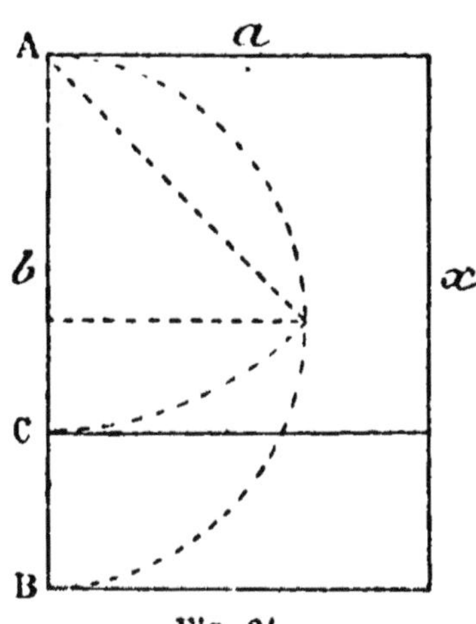

Fig. 24.

$$P = a \times b \times \frac{b}{2} = \frac{ab^2}{2}.$$

Maintenant appelons x la distance de la parallèle cherchée à la base supérieure. Les pressions sur les rectangles supérieur et inférieur sont

$$ax \times \frac{x}{2} \qquad \text{et} \qquad a(b-x)\frac{b+x}{2}.$$

L'équation du problème est donc :

$$x^2 = m(b^2 - x^2)$$
$$x = b\sqrt{\frac{m}{1+m}}.$$

La figure 24 indique une construction géométrique pour le cas où $m = 1$, c'est-à-dire où les deux rectangles partiels supportent des pressions égales. Dans ce cas :

$$x = b\sqrt{\frac{1}{2}}$$

AC est donc égal au côté du carré inscrit dans le cercle décrit sur $b =$ AB comme diamètre.

Supposons $a = 3$ mètres, $b = 4$ mètres, on a :

$$P = \frac{3 \times 4^2}{2} = 24 \text{ tonnes.}$$

$$x = 4 \sqrt{\frac{1}{2}} = 2,828 \text{ mètres.}$$

Chaque rectangle supporte 12 tonnes de pression.

III. Une paroi rectangulaire (fig. 25) étant placée comme dans l'exercice précédent, on demande de mener par le point A une droite AE qui partage le rectangle en deux parties ABE, AECD telles que le rapport de la pression que supporte la première à celle que supporte la seconde soit égal à m.

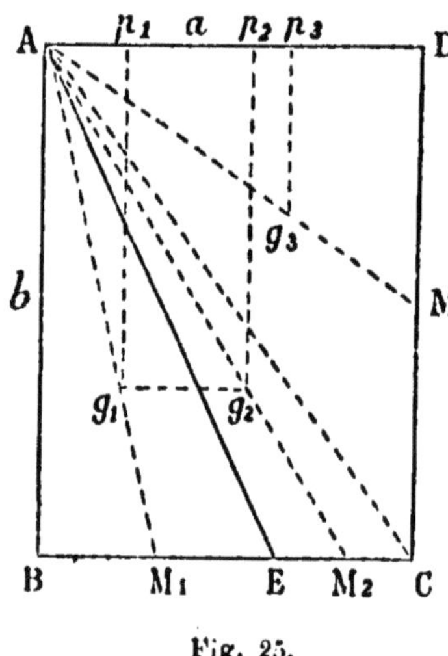

Fig. 25.

$$AD = a, \quad AB = b, \quad AE = x.$$

Joignons AC et soient g_1, g_2, g_3 les centres de gravité des triangles ABE, AEC, ACD. Les pressions supportées par chacun de ces triangles sont représentées par le produit de leur surface par la longueur de la perpendiculaire abaissée de leur centre de gravité sur AD. L'équation du problème est donc :

$$(\text{Surf. ABE}) \times g_1 p_1 = m \left[(\text{Surf. AEC}) \times g_2 p_2 + (\text{Surf. ACD}) \times g_3 p_3 \right] \quad (1)$$

mais on a facilement :

$$\text{Surf. ABE} = \frac{1}{2}\,bx, \quad \text{surf. AEC} = \frac{1}{2}\,b\,(a-x), \quad \text{surf. ACD} = \frac{1}{2}\,ab.$$

$$g_1 p_1 = g_2 p_2 = \frac{2}{3}\,b, \qquad g_3 p_3 = \frac{1}{3}\,b.$$

L'équation (1) devient donc :

$$\frac{1}{2}\,b\,x\cdot\frac{2}{3}\,b = m\left[\frac{1}{2}\,b\,(a-x)\cdot\frac{2}{3}\,b + \frac{1}{2}\,ab\cdot\frac{1}{3}\,b\right]$$

ou, toute réduction faite,

$$\frac{x}{3} = m\left[\frac{a-x}{3} + \frac{a}{6}\right]$$

$$x = \frac{3am}{2\,(1+m)}.$$

La figure 25 est construite dans le cas où $m = 0{,}8$, ce qui donne $x = \frac{2}{3}\,a$. Pour $m = 1$, on aurait $x = \frac{3}{4}\,a$.

Enfin, on aura $x = a$ pour $m = 2$.

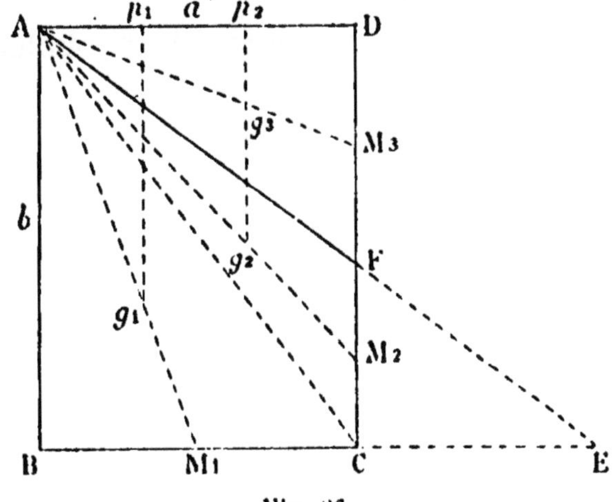

Fig. 26.

L'équation du problème ne peut représenter les conditions

posées que pour les valeurs de x inférieures à a. Pour les valeurs de m supérieures à 2 la droite AE coupera DC en F (fig. 26) et l'équation du problème deviendra :

$$(\text{Surf.ABC}) \times g_1 p_1 + (\text{Surf. ACF}) \times g_2 p_2 = m (\text{Surf. AFD}) \times g_3 p_3.$$

Les relations géométriques de la figure donnent facilement :

$$\text{Surf. ABC} = \frac{1}{2} ab$$

$$g_1 p_1 = \frac{2}{3} b$$

$$\text{Surf. ACF} = \frac{ab(x-a)}{2x}$$

$$g_2 p_2 = \frac{b(x+a)}{3x}$$

$$\text{Surf. AFD} = \frac{a^2 b}{2x}$$

$$g_3 p_3 = \frac{ab}{3x}$$

L'équation devient, toute réduction faite et résolue

$$x = a \sqrt{\frac{1+m}{3}}.$$

La figure 26 correspond au cas où $m = 8$, $x = a\sqrt{3}$.

30. Principe d'Archimède. — Tout corps plongé dans un liquide éprouve de bas en haut une poussée verticale égale au poids du liquide déplacé.

Isolons par la pensée une masse liquide M au sein d'un liquide en équilibre. La masse M est soumise d'une part à son poids P et d'autre part aux pressions qu'exerce sur elle le liquide qui l'environne ; elle se trouve en équilibre, il faut donc que son poids P soit exactement égal en intensité et directement opposé à la résultante de ces pressions.

Cette résultante est donc égale au poids P de la masse M et dirigée verticalement de bas en haut puisque P est dirigé verticalement de haut en bas.

Cela posé, remplaçons la masse M par un corps quelconque de même forme et de même volume.

Le poids P' de ce corps pourra être différent de P, mais il n'y a aucune raison pour admettre que les pressions qui s'exercent sur lui et qui proviennent uniquement du liquide environnant aient changé d'intensité et de direction. Elles peuvent donc encore se composer en une résultante unique égale à P et dirigée de bas en haut. Le corps sera donc soumis à deux forces, l'une son poids P' dirigée verticalement de haut en bas et la seconde P dirigée verticalement de bas en haut et égale au poids du liquide qu'il déplace.

Le point d'application de la poussée du liquide est au centre de gravité de ce liquide.

La résultante des forces auxquelles un corps plongé est soumis est donc égale à

$$P' - P.$$

Le corps tombera dans le liquide ou remontera à sa surface suivant que P' sera plus grand ou plus petit que P, c'est-à-dire suivant que la densité du corps sera plus grande (§ 14) ou plus petite que celle du liquide.

La vérification la plus générale de ce principe se fait de la manière suivante (fig. 27) :

On place sur le plateau A d'une balance un vase vide et au-dessous de ce plateau un corps absolument quelconque, puis on fait équilibre au moyen d'une tare placée en B. On plonge alors le corps D dans un vase E préalablement rempli d'un liquide quelconque jusqu'au tube trop plein *e*. Le corps déplace un volume de liquide égal au volume de sa partie plongée, on recueille ce liquide dans le vase C. L'équilibre

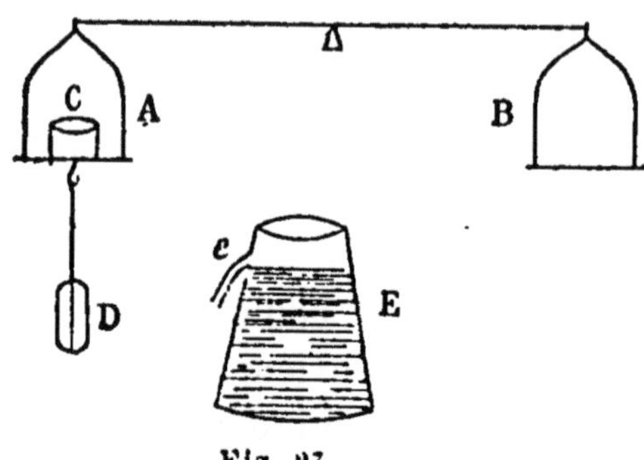

Fig. 27.

est détruit, ce qui montre l'existence de la poussée; et il est rétabli, le corps plongeant toujours de la même quantité, lorsqu'on replace en A le vase C avec le liquide qu'il contient.

31. Des corps flottants. — Lorsqu'un corps a une densité moindre que celle du liquide dans lequel il est plongé, il remonte vers la surface et à mesure qu'une portion de son volume sort du liquide, la poussée P diminue et l'équilibre sera établi lorsque P deviendra égal à P′, c'est-à-dire lorsque le poids du liquide déplacé par le corps sera exactement égal au poids du corps.

Nous laisserons de côté l'étude des conditions de stabilité ou d'instabilité des corps flottants.

32. Mesure des densités des solides ou des liquides. — Il suffit pour obtenir la densité d'un corps solide ou liquide (§ 14) de prendre le rapport des poids de volumes égaux du corps et de l'eau.

I. *Corps solides.* — 1° Suspendre le corps au-dessous du

plateau A d'une balance et faire équilibre au moyen d'une tare placée en B; 2° enlever le corps et rétablir l'équilibre avec des poids marqués, ce qui donne par la méthode de la double pesée le poids P' du corps; 3° enlever les poids marqués, suspendre le corps et rétablir l'équilibre avec des poids marqués P'' placés en A. Ces poids donnent la poussée que subit le corps, c'est-à-dire le poids P de l'eau dont le volume égale celui du corps puisqu'elle est déplacée par lui.

Autre méthode : 1° Placer sur le plateau A de la balance un flacon exactement plein d'eau, et à côté le corps; équilibrer avec une tare placée dans le plateau B; 2° enlever le corps et rétablir l'équilibre avec des poids marqués qui donnent le poids P' du corps; 3° enlever les poids marqués, placer le corps dans le flacon et replacer ce dernier, bien séché à l'extérieur, sur le plateau A, rétablir l'équilibre par des poids marqués qui donnent le poids P de l'eau déplacée par le corps, c'est-à-dire dont le volume est égal au sien.

II. *Corps liquides.* — Mesurer par le premier procédé de ce paragraphe la poussée verticale qu'éprouve un corps dans le liquide, puis dans l'eau. La densité est le rapport de la première poussée à la seconde.

Autre méthode. — Mesurer les poids du liquide et d'eau qui remplissent le même flacon. La densité est le rapport du premier poids au second.

Pour peser le liquide qui remplit un flacon, on place sur le plateau A de la balance le flacon exactement rempli et on lui fait équilibre avec une tare placée dans le plateau B. On vide le flacon et, une fois séché, on le replace sur le plateau A. Les poids marqués qu'il faut poser sur A pour rétablir l'équilibre donnent par la méthode de la double pesée le poids cherché.

III. *Méthodes aréométriques.* — Un aréomètre est un corps flottant. Son poids est donc égal à celui du volume d'eau

qu'il déplace. Ces appareils se divisent en deux catégories :
1° ceux qui déplacent un volume d'eau constant qui sont des
aréomètres à volume plongé constant; 2° ceux qui déplacent
un volume d'eau variable qui sont les aréomètres à volume
plongé variable.

a. *Aréomètres à volume plongé constant.* — Le type de
ces appareils est celui de Nicholson, il se compose d'un corps
cylindro-conique creux, surmonté d'un plateau B
(fig. 28) soutenu par une tige métallique sur laquelle
est tracé un trait de repère a. L'appareil est lesté par
une petite corbeille lourde C.

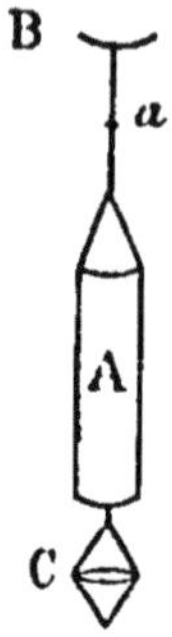

Le corps est placé sur le plateau B avec de la
tare jusqu'à ce que l'appareil plongé dans l'eau
affleure au repère a. On remplace le corps par des
poids marqués jusqu'à ce qu'il y ait de nouveau
affleurement en a. On obtient ainsi le poids P' du
corps. Les poids marqués sont enlevés, le corps
placé en C et on ajoute de nouveau en B des poids marqués
jusqu'à reproduire l'affleurement. Ces derniers poids représentent la poussée P éprouvée par le corps. La densité est $\frac{P'}{P}$.

Chargeons l'aréomètre avec de la tare jusqu'à ce qu'il
affleure en a dans un liquide et pesons-le, son poids P' est
égal à celui d'un volume de liquide égal au sien. La même
opération faite dans l'eau donnera le poids P du volume d'eau
égal au sien. $\frac{P'}{P}$ sera la densité du liquide. Lorsque cet appareil
est destiné aux liquides, il est en verre et comme tare on se
sert de mercure que l'on verse par la tige a qui est formée
d'un tube. Cette précaution est prise parce que des poids un
peu considérables ajoutés à la partie supérieure pourraient
renverser l'instrument.

b. *Aréomètres à volume variable* (Beaumé). — Un tube de verre (fig. 29) portant un flotteur, lesté par une boule de verre pleine de mercure de manière à s'enfoncer jusque vers le sommet au point zéro dans l'eau pure, est plongé dans de l'eau salée (15 de sel, 85 d'eau). Au point d'affleurement on marque 15 et on divise l'intervalle 0-15 en 15 parties égales. On porte ensuite ces divisions le long de la tige. Appelons V le volume de l'appareil depuis le bas jusqu'au zéro et v le volume extérieur de l'une des divisions. V représente également le poids de l'appareil. Le volume qui plonge dans l'eau salée est V — 15v et le poids de ce liquide déplacé, qui est aussi celui de l'instrument (§ 31), est (V — 15 v) d en appelant d la densité de l'eau salée, on a donc :

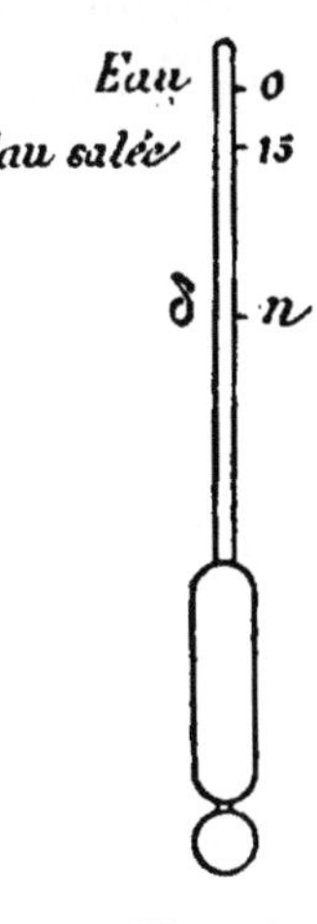

Fig. 29.

$$V = (V - 15v)\,d$$

ou

$$15vd = V(d - 1). \qquad (1)$$

Plongeons l'appareil dans un liquide de densité δ, il s'enfoncera à la division n et on aura

$$V = (V - nv)\,\delta$$

ou

$$nv\delta = V(\delta - 1). \qquad (2)$$

Divisant (1) par (2), il vient :

$$\frac{15d}{n\delta} = \frac{d - 1}{\delta - 1}. \qquad (3)$$

Cette équation montre que n ne dépend que de d et de δ, et est indépendant de V et de v, c'est-à-dire que quelles que soient les dimensions des aréomètres, ils indiqueront le même degré dans un liquide de même densité.

Leurs indications sont comparables.

De (3) on tire :

$$\delta = \frac{\dfrac{15d}{d-1}}{\dfrac{15d}{d-1} - n} \cdot \qquad (4)$$

Comme $d = 1,116$, on a :

$$\delta = \frac{144}{144 - n} \qquad (5)$$

formule qui permettra de connaître la densité d'un liquide par une simple immersion de l'aréomètre.

Les aréomètres pour les liquides plus légers que l'eau sont lestés de manière à s'enfoncer vers le bas de la tige dans de l'eau salée (10 de sel et 90 d'eau) ; à ce point d'affleurement on marque zéro et le nombre 10 au point d'affleurement dans l'eau pure. L'intervalle 0-10 est divisé en 10 parties égales et les divisions sont portées sur la tige entière. La comparabilité des indications de ces appareils est démontrée comme celle des précédents et l'équation qui permet de passer du degré indiqué à la densité est :

$$\delta = \frac{127}{117 + n} \cdot \qquad (6)$$

c. *Alcoomètres.* — Ce sont de véritables aréomètres destinés spécialement à mesurer la richesse alcoolique des mélanges d'eau et d'alcool qu'ils indiquent directement par leur point d'affleurement. On les gradue par comparaison avec un appareil étalon et celui-ci est gradué par de nombreuses immersions dans des eaux alcoolisées de composition connue.

33. Exercices numériques. — I. Un cône de densité d est creux. La cavité est un cône de même axe et de même angle d'ouverture (fig. 30) et son volume est égal à une

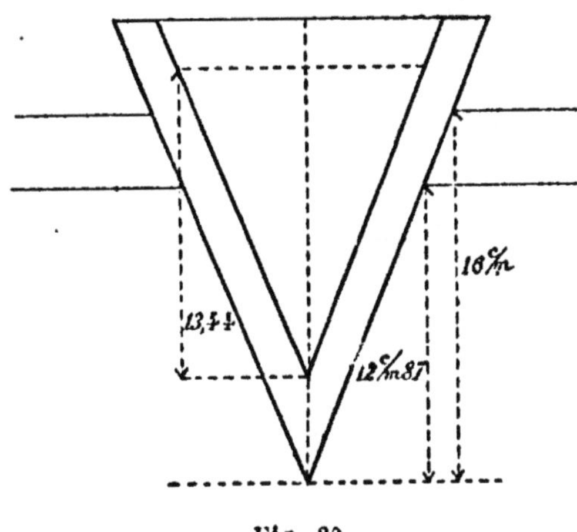

Fig. 30.

fraction n du volume du premier dont le rayon et la hauteur sont R et H.

1° On demande le poids P du cône.

2° On le pose sur un liquide de densité d_1, on demande de quelle hauteur il s'enfoncera.

3° On coule à l'intérieur une matière de densité d_2, on demande quelle doit être la hauteur de cette matière pour que le cône s'enfonce d'une fraction m de sa hauteur H.

1° Le volume de la matière qui forme le cône est :

$$\frac{1}{3} \pi R^2 H (1 - n).$$

Son poids est donc :

$$P = \frac{1}{3} \pi R^2 H (1 - n) d. \qquad (1)$$

2° Exprimons que le poids P calculé précédemment égale

le poids du liquide déplacé. Le volume de ce liquide est celui d'un cône de hauteur h et de rayon r, mais on a facilement :

$$\frac{h}{r} = \frac{H}{R} \qquad \text{d'où} \qquad r = \frac{R}{H} h$$

de sorte que le volume peut s'exprimer en fonction de la hauteur cherchée h seulement.

Ce volume est :

$$\frac{1}{3}\pi r^2 h = \frac{1}{3}\pi \frac{R^2}{H^2} h^3$$

et le poids de ce liquide :

$$\frac{1}{3}\pi \frac{R^2}{H^2} h^3 d_1.$$

Égalant à la valeur de P, il vient :

$$\frac{1}{3}\pi R^2 H (1 - n) d = \frac{1}{3}\pi \frac{R^2}{H^2} h^3 d_1$$

$$h = H\sqrt[3]{\frac{(1-n)\,d}{d_1}}. \tag{2}$$

Il est à remarquer que cette valeur est indépendante de R. Le problème n'est possible que si $h < H$, c'est-à-dire si :

$$n > 1 - \frac{d_1}{d}. \tag{3}$$

Deux cas peuvent se présenter: $1°$ $d_1 > d$, cette inégalité est toujours satisfaite ; $2°$ $d_1 < d$, elle ne pourra être satisfaite que pour les valeurs de n comprises entre $1 - \dfrac{d_1}{d}$ et 1.

$3°$ Le poids P_1 du flotteur se compose du poids P donné par l'équation (1) et de celui de la matière coulée dans l'intérieur du vase. Appelant h_1 la hauteur cherchée, le rayon de base du cône formé par la matière coulée est donné par une relation géométrique simple, il est égal à

$$h_1 \frac{R}{H}.$$

Le volume de cette matière est donc

$$\frac{1}{3} \pi \frac{R^2}{H^2} h_1^3$$

et son poids sera :

$$\frac{1}{3} \pi \frac{R^2}{H^2} h_1^3 d_2.$$

Le poids du flotteur P_1 sera donc :

$$P_1 = \frac{1}{3} \pi R^2 H (1 - n)\, d + \frac{1}{3} \pi \frac{R^2}{H^2} h_1^3 d_2.$$

Le volume du liquide déplacé est un cône qui a pour hauteur mH et pour rayon mR (on le voit géométriquement). Son volume est :

$$\frac{1}{3} \pi R^2 H m^3$$

et son poids :

$$\frac{1}{3} \pi R^2 H m^3 d_1.$$

Égalant ce poids à celui P_1 du flotteur, on a l'équation du problème :

$$\frac{1}{3} \pi R^2 H (1 - n)\, d + \frac{1}{3} \pi \frac{R^2}{H^2} h_1^3 d_2 = \frac{1}{3} \pi R^2 H m^3 d_1$$

$$h_1 = H \sqrt[3]{\frac{m^3 d_1 - (1 - n)\, d}{d_2}}. \tag{4}$$

Le problème n'est possible que si la quantité sous le radical est positive et plus petite que 1. Ce qui donne les conditions :

$$m > \sqrt[3]{\frac{(1-n)\,d}{d_1}} \qquad (5)$$

$$m < \sqrt[3]{\frac{d_2 + (1-n)\,d}{d_1}}. \qquad (6)$$

Exemple : Cône en fer dans du mercure, matière coulée en plomb.

$$R = 8\%_m, \quad H = 20\%_m, \quad d = 7{,}25, \quad d_1 = 13{,}6, \quad d_2 = 11.$$

Comme $d_1 > d$, on pourra donner pour n n'importe quelle valeur plus petite que un.

Donnons

$$n = 0{,}5.$$

Les inégalités (5) et (6) montrent qu'on doit donner :

$$\sqrt[3]{\frac{(1-0{,}5)\,7{,}25}{13{,}6}} < m < \sqrt[3]{\frac{11 + (1-0{,}5)\,7{,}25}{13{,}6}}$$

$$0{,}6435 < m < 1{,}075.$$

Nous donnerons :

$$m = 0{,}8.$$

L'équation (1) traduite en nombres donne :

$$P = \frac{1}{3}\,\pi 8^2 \times 20 \times (1-0{,}5) \times 7{,}25 = 4{,}859.$$

Ce vase de fer pèse 4,859 kilogrammes.

L'équation (2) traduite en nombres donne :

$$h = 20 \sqrt[3]{\frac{(1-0{,}5)\,7{,}25}{13{,}6}} = 12{,}87.$$

Vide, ce cône de fer s'enfonce dans le mercure de 12,87 centimètres.

L'équation (4) donne :

$$h_1 = 20 \sqrt[3]{\frac{0,8 \times 13,6 - (1 - 0,5) \times 7,25}{11}} = 13,44.$$

Le vase flottera aux 0,8 de sa hauteur extérieure lorsqu'il contiendra une hauteur de plomb de 13,44 centimètres.

Si on avait un cône en platine au lieu d'un cône en fer, la densité du platine étant 21, l'équation (3) montre que n doit être compris entre 1 et $1 - \dfrac{13,6}{21}$ ou entre 1 et 0,352. Si la cavité n'avait que un, deux ou trois dixièmes du volume extérieur, le cône tomberait au fond du mercure.

II. Un corps est formé d'une matière dont la densité est d ; on le pèse : 1° dans l'air, son poids est p ; 2° dans l'eau, son poids est p'. On demande s'il est creux et, dans le cas de l'affirmative, quel est le volume de la cavité.

Soient V et v les volumes extérieurs du corps et de la cavité, s'il y en a. Le poids du corps est d'une part p, d'autre part $(V - v)\, d$, donc :

$$(V - v)\, d = p. \tag{1}$$

La poussée qu'il éprouve dans l'eau a pour expression $V \times 1 = V$ ou $p - p'$, donc :

$$V = p - p'. \tag{2}$$

Éliminant V entre (1) et (2) et résolvant, il vient :

$$v = \frac{d\,(p - p') - p}{d}. \tag{3}$$

Exemple : Le corps est en fer. $d = 7,25$; $p = 500$ grammes ; $p' = 410$ grammes.

On a, en appliquant l'équation (3)

$$v = \frac{7,25 \, (500 - 410) - 500}{7,25} = 21,034.$$

La capacité intérieure est donc de 21 centimètres cubes, 34 millimètres cubes.

III. Un mélange ou alliage de deux corps pèse P et, pesé dans l'eau, il éprouve une poussée égale à P'. On demande les poids p et p' des deux corps dont on connaît les densités d et d'.

On a les deux équations :

$$p + p' = P \qquad (1)$$

$$\frac{p}{d} + \frac{p'}{d'} = P' \qquad (2)$$

La première exprime que le poids du mélange égale la somme des poids des corps mélangés ; la deuxième que le volume du mélange égale la somme des volumes des corps mélangés. De ces équations, on tire :

$$p = \frac{Pd - P'dd'}{d - d'},$$

$$p' = \frac{P'dd' - Pd'}{d - d'}.$$

Exemple : On demande le titre d'une pièce d'or de 100 fr. Son poids $P = 32,2581$ grammes ; dans l'eau elle pèse $30^{gr},3902$; elle éprouve donc dans ce liquide une poussée $P' = 32^{gr},2581 - 30^{gr},3902 = 1^{gr},8679$. Les densités de l'or et du cuivre sont $d = 19,258$; $d' = 8,95$.

Conservant les notations précédentes, le titre est :

$$\text{Titre} = \frac{p}{P} = \frac{d}{d - d'}\left[1 - \frac{P'd'}{P}\right].$$

$$\text{Titre} = \frac{19.258}{19,258 - 8,95}\left[1 - \frac{1,8679 \times 8,95}{32,2581}\right].$$

$$\text{Titre} = 0,900.$$

IV. Un récipient a la forme d'un parallélipipède rectangle dont les dimensions extérieures sont : longueur 20 mètres, largeur 5 mètres, profondeur 2 mètres. Il est en bois dont l'épaisseur est régulièrement de $0^m,25$ et dont la densité est 0,80. On laisse flotter ce récipient sur l'eau de mer dont la densité est 1,026. On demande :

1° Son poids P.

2° La hauteur de sa partie plongée dans l'eau de mer.

3° Combien on pourra mettre à l'intérieur de blocs de fer de densité 7,25 ; chaque bloc étant un parallélipipède rectangle de dimensions 25, 10 et 10 centimètres, pour que le récipient n'émerge plus que de $0^m,30$.

1° Le volume du bois est la différence des volumes de deux parallélipipèdes rectangles dont les dimensions sont : 20, 5, 2 pour le premier et $19^m,50$, $4^m,50$, 1,75 pour le second. Le poids sera donc :

$$P = [20 \times 5 \times 2 - 19,5 \times 4,5 \times 1,75]\,0,80$$
$$P = 37,15 \text{ tonnes.}$$

2° Appelons h la hauteur cherchée, le volume d'eau déplacée sera : $20 \times 5 \times h$; et son poids : $20 \times 5 \times h \times 1,026 = 102,6\,h$. Ce poids doit égaler le précédent, donc :

$$102,6\,h = 37,15$$
$$h = 0,362 \text{ mètres.}$$

3° Appelons P_1 le poids dont on doit charger le récipient pour qu'il n'émerge plus que de 0,30. La partie plongée aura alors une hauteur de $2 - 0,30 = 1^m,70$, son volume sera $20 \times 5 \times 1,70$ et son poids en eau $20 \times 5 \times 1,70 \times 1,026$ ou 174,42 tonnes. On devra donc avoir :

$$P_1 + 37,15 = 174,42$$
$$P_1 = 137,27 \text{ tonnes.}$$

L'un des blocs de fer pèse $0,25 \times 0,10 \times 0,10 + 7,25$ ou 0,018125 tonnes.

Le nombre n cherché sera donc :

$$n = \frac{137,27}{0,018125} = 7573.$$

—————

STATIQUE DES GAZ.

34. Pesanteur des gaz. — On peut se convaincre que les gaz sont pesants par l'expérience directe qui consiste : 1° à tarer un ballon plein d'un gaz quelconque, suspendu au-dessous du plateau A d'une balance ; à le vider au moyen d'une machine pneumatique (§ 48) et, le replaçant sous le même plateau, à constater qu'il faut ajouter sur ce plateau des poids pour rétablir l'équilibre, ces poids représentent le poids du gaz enlevé.

35. Principes de Pascal et d'Archimède appliqués au gaz. — Les principes de Pascal et d'Archimède énoncés et vérifiés aux §§ 23 et 30 sont applicables aux gaz ainsi que toutes leurs conséquences.

Il résulte du premier de ces principes qu'un élément superficiel pris dans l'intérieur de l'air supporte une pression égale au poids de la colonne gazeuse qui s'élève au-dessus de lui ; et aussi que la différence des pressions que supportent deux éléments superficiels égaux situés à des hauteurs différentes est égale au poids de la colonne gazeuse ayant pour base l'un des éléments et pour hauteur la distance verticale qui les sépare.

Ces faits sont mis en évidence par les expériences de Toricelli et de Pascal.

36. Expériences de Toricelli et de Pascal. — Toricelli prend un tube d'environ un mètre (fig. 31) de long, le remplit exactement de mercure, le ferme avec le doigt, le renverse sur du mercure, enlève le doigt et l'abandonne à lui-même. Il constate alors que le tube se vide en partie, mais qu'une colonne de mercure de longueur H reste suspendue dans le tube.

Pascal répéta cette expérience avec divers liquides : eau, vin, huile et les diverses colonnes H', H'', H''' liquides qui restaient suspendues étaient en raison inverse de leur densité, de sorte qu'en désignant par d la densité du mercure, par d', d'', d''' celles des autres liquides, on avait comme résultats de ces diverses expériences :

$$Hd = H'd' = H''d'' = H'''d'''.$$

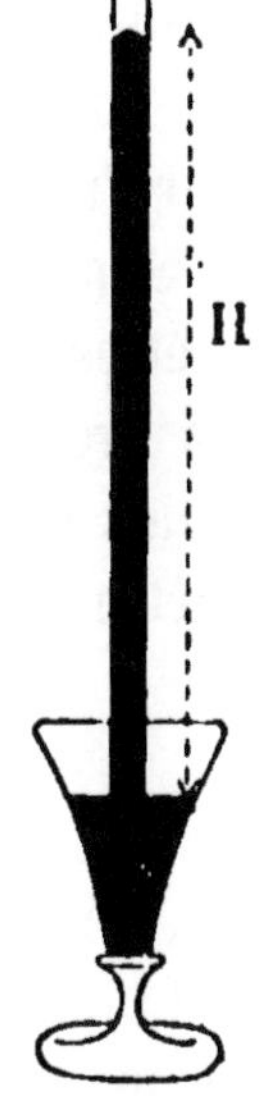

Fig. 31.

Ces produits représentent évidemment (§ 26-II) la pression qui s'exerce sur une surface égale à l'unité située dans l'intérieur du tube sur le plan de niveau du liquide dans le vase extérieur.

Si, sur ce même plan, nous considérons une seconde surface-unité, elle doit supporter une pression égale (§ 26-II), mais elle ne supporte que le poids de l'atmosphère qui est au-dessus d'elle. Ces produits $Hd = H'd' = H''d'' = H'''d'''$ représentent donc la pression atmosphérique sur l'unité de surface, et leur valeur numérique est la valeur numérique de la pression atmosphérique sur l'unité de surface. Cette pression est variable avec les lieux, avec le temps ; mais, dans chaque cas, on pourra la mesurer en répétant l'expérience de Toricelli avec un liquide défini, du mercure par exemple, qu'il est facile d'obtenir toujours identique à lui-même, c'est-à-dire de même densité. Si on convient d'employer toujours le mercure, comme sa densité est connue, il suffira de donner la hauteur à laquelle il s'élève dans le tube de Toricelli pour pouvoir calculer la pression atmosphérique sur l'unité de surface.

Supposons que la hauteur du mercure soit de 76 centimètres, prenons le centimètre carré pour unité de surface. La pression sur ce centimètre carré sera représentée par le poids d'une colonne de mercure ayant pour base un centimètre carré et pour hauteur 76 centimètres, soit

$$76 \times 1 \times 13,6 = 1033,6 \text{ grammes.}$$

13,6 étant la densité du mercure.

Lorsque l'expérience de Toricelli est installée à demeure de manière que l'on puisse lire à chaque instant la hauteur du niveau dans le tube au-dessus du niveau dans le vase extérieur ou cuvette, au moyen d'une règle verticale disposée convenablement, l'appareil ainsi construit est un baromètre,

et la hauteur lue à un instant donné est dite la hauteur barométrique.

37. Unités diverses pour mesurer les pressions.

— Il est important de remarquer que lorsqu'on indique la
hauteur barométrique, cette donnée ne représente, en la mesurant, la hauteur atmosphérique qu'à la condition de sous-
entendre qu'il faut, pour obtenir la valeur numérique de cette
dernière, multiplier cette hauteur par la surface sur laquelle
on la considère et par la densité du mercure. Ainsi lorsqu'on
dira que la pression est de 74 centimètres, cela voudra dire
que sur un centimètre carré cette pression sera $74 \times 1 \times 13,6$
$= 1006,4$ grammes, que sur un mètre carré, elle sera
$74 \times 10000 \times 13,6 = 10064000$ grammes ou 10064 kilogrammes. Inversement, lorsque la pression sera donnée en
grammes ou kilogrammes, il faudra spécifier sur quelle surface elle est considérée. Ainsi la même pression est représentée
par $1^k,0064$ par centimètre carré ou par $100^k,64$ par décimètre
carré, ou encore par 10064 kilogrammes par mètre carré.

On appelle, par définition, pression de une atmosphère la
pression atmosphérique lorsque la hauteur barométrique est
de 76 centimètres.

Il est facile de passer de l'une à l'autre de ces unités, si on
se rappelle que la pression représentée par 76 centimètres de
hauteur barométrique est celle de une atmosphère ou de
10336 kilogrammes par mètre carré.

38. Exercices numériques.

— I. On demande quelle
est en atmosphères la pression atmosphérique lorsque la hauteur barométrique est 79,80 centimètres. On demande en
outre la pression en kilogrammes supportée par une table
ronde de un mètre de diamètre.

En atmosphères cette pression est égale à

$$\frac{79,80}{76} = 1,05.$$

La table supporte une pression en kilogrammes égale au produit de sa surface estimée en décimètres carrés par la hauteur barométrique estimée en décimètres et par la densité du mercure, soit donc par :

$$\frac{1}{4}\,\pi \times \overline{10}^{2} \times 7,98 \times 13,6 = 8523,79 \text{ kilogrammes.}$$

II. La pression atmosphérique est de 10200 kilogrammes par mètre carré. On demande quelle serait la hauteur barométrique dans un tube de Toricelli construit avec de l'acide sulfurique dont la densité est 1,84.

Soit x cette hauteur en mètres, la pression sur un mètre carré sera :

$$x \times 1,84 \text{ tonnes.}$$

On doit donc avoir :

$$x \times 1,84 = 10,200$$

$$x = \frac{10,200}{1,84} = 5,54 \text{ mètres.}$$

39. Baromètres. — I. *Ordinaire.* — Le baromètre ordinaire n'est autre que le tube de Toricelli, disposé le long d'une planchette verticale, plongeant dans une auge en fonte ou en verre. La hauteur barométrique est la distance verticale qui sépare les deux niveaux du mercure, elle se lit sur une bande divisée en millimètres, fixée à côté du tube sur la planchette. Le zéro de cette règle est au niveau moyen du mercure dans la cuvette. Il est évident que ce dernier niveau

varie avec la hauteur barométrique, mais on peut faire en
sorte que l'erreur provenant de ce qu'il ne coïncide presque
jamais avec le zéro de l'échelle soit négligeable si l'on ne tient
pas à une mesure très précise. Il suffit pour cela que la section de la cuvette soit assez grande par rapport à celle du tube.

11. *Baromètre de Fortin.* — L'inconvénient résultant du
déplacement du niveau dans la cuvette
du baromètre précédent n'existe plus
dans celui de Fortin ; et, de plus, ce dernier est transportable. La cuvette du
baromètre Fortin se compose (fig. 32)
de deux cylindres de buis *aa, bb* vis-
sés l'un sur l'autre. Au-dessus du cylindre supérieur est un cylindre de
verre *cc* qui permet de voir la surface
dd du mercure. Le cylindre inférieur
bb est fermé par une peau de chamois
ee sur laquelle repose le mercure. Tout
cet ensemble est renfermé dans un cylindre de laiton *ff* dont le fond est
percé d'une ouverture filetée dans laquelle s'engage une vis *g* qui, au moyen
d'un dé de buis *h* supporte la peau de
chamois *ee*. Une monture métallique
supérieure *ii* fixée au cylindre *ff* par
les brides KK supporte le tube *l* grâce
à un étranglement sur lequel est fixée
une peau de chamois attachée d'autre
part à la couronne de buis *mm*.

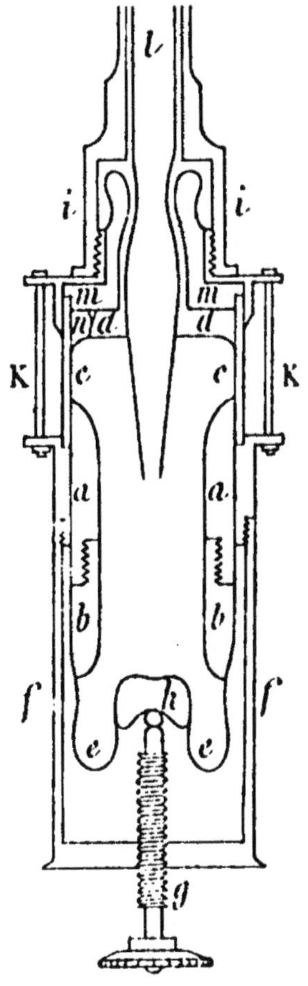

Fig. 32.

La pression atmosphérique s'exerce
sur la surface du mercure dans la cuvette à travers les pores
de la peau de chamois supérieure.

Le tube dont la figure ne représente que la partie inférieure est en entier renfermé dans une gaîne métallique en laiton. Cette gaîne est sur une certaine étendue vers la partie supérieure percée de deux fenêtres longitudinales opposées permettant de toujours voir le niveau du mercure dans le tube. Sur le bord d'une de ces fenêtres sont tracées les divisions en millimètres. Un anneau à vernier (voir § 40) permet d'évaluer les hauteurs avec une approximation égale à une fraction donnée de millimètre. Le zéro de ces divisions coïncide avec l'extrémité de la pointe en ivoire n fixée à la partie supérieure et intérieure de la cuvette.

Pour transporter le baromètre, la vis g permet, en remontant le fond de la cuvette, de remplir celle-ci et le tube de mercure, de sorte que le tout ne fait plus qu'un ensemble compact sans ballottements intérieurs possibles. Pour faire une observation, on suspend l'appareil au moyen d'une ficelle et d'un anneau soudé à la partie supérieure de la gaîne. Il se place verticalement parce que la partie inférieure est lourde. On manœuvre la vis g de manière à ce que le niveau du mercure dd affleure à la pointe n et on n'a plus qu'à lire la division au niveau de laquelle se trouve le niveau du mercure dans le tube.

III. *Baromètre à siphon*. — Considérons un tube recourbé en deux branches inégales (fig. 33); la grande branche est fermée et la petite ouverte. Si cet appareil contient du mercure et que la partie BG ou chambre barométrique soit vide, il est facile de voir que la hauteur mesurant la pression atmosphérique est la distance verticale des niveaux A et B du mercure dans les deux branches; car deux éléments superficiels

Fig. 33.

équivalents pris sur le plan horizontal qui passe en A, l'un dans la grande et l'autre dans la petite branche, doivent supporter des pressions égales. Fixons ce tube sur une planchette verticale et traçons sur cette planchette une double division en millimètres, ayant un zéro commun situé vers le milieu, l'une en descendant vers A, l'autre en montant vers B. Il est évident qu'en ajoutant les nombres lus vis-à-vis de A et vis-à-vis de B, on aura la hauteur représentant la pression atmosphérique.

Les variations de pression occasionnent des variations de position du niveau A. Quelquefois on pose sur le mercure A un flotteur qui monte et qui descend avec lui. Si ce flotteur est soutenu par un fil enroulé sur une poulie et dont l'autre extrémité porte un contre-poids, le mouvement du flotteur entraînera celui de la poulie et cette poulie pourra faire tourner une aiguille, fixée à son axe, sur un cadran portant les indications de la pression correspondante à chacune des positions de l'aiguille. On a ainsi un baromètre à cadran.

IV. *Baromètre de Gay-Lussac* (fig. 31). — Cet appareil est un baromètre à siphon dans lequel les deux branches sont reliées par un tube capillaire *ab* portant un renflement *c* dans lequel plonge la partie supérieure du tube capillaire. La pression s'exerce par une petite ouverture percée au fond de la cavité *o* pratiquée dans la petite branche. L'appareil est renfermé dans un tube métallique percé de deux paires de fenêtres longitudinales permettant de voir les niveaux A et B. Sur ce tube sont tracées des divisions en millimètres disposées comme celles du baromètre à siphon, ayant leur

Fig. 31.

zéro commun vers le milieu du tube. Ces parties divisées peuvent et sont généralement munies d'un vernier.

Ce baromètre est plus léger que celui de Fortin, plus précis que le baromètre à siphon ; il est observé de la même manière que ce dernier; enfin il est transportable, car, grâce au tube capillaire, l'air peut difficilement s'introduire dans la chambre barométrique. Si une bulle d'air franchissait la partie *b* du tube capillaire, elle irait se loger dans la partie supérieure du renflement *c* et ne nuirait pas à la précision de l'observation.

V. *Baromètre métallique.* — Le principe de cet appareil est différent de celui des précédents, il se compose essentiellement d'une boîte plate à paroi très mince et plissée sur la face supérieure. Cette boîte est vide d'air et se déforme plus ou moins suivant les variations de la pression atmosphérique. Ces déformations meuvent un pilier fixé à la partie centrale de la base supérieure et les mouvements du pilier sont transmis à une aiguille mobile sur un cadran par un système de leviers.

Le plus commun des baromètres de ce genre est celui de Bourdon qui se compose d'un tube vide d'air ayant la forme d'un arc de 350 degrés et fixé en son milieu. Sous l'influence des variations de la pression atmosphérique, les extrémités de cet arc se rapprochent ou s'éloignent l'une de l'autre. Il est facile d'imaginer un système de leviers qui transmettent ces mouvements en les amplifiant à une aiguille mobile sur un cadran.

Les baromètres métalliques se règlent sur un baromètre à mercure et se graduent par comparaison avec ce dernier appareil.

40. Vernier. — Nous n'indiquerons ici que le principe

de ce genre d'appareils. Soit (fig. 35) à mesurer, au moyen
de la règle divisée AB, la longueur d'une seconde règle CD.
L'extrémité gauche de CD coïncidant avec le zéro de AB, on
voit que CD a pour longueur 25 divisions de AB plus ab plus
petit que l'une de ces divisions. On met alors à la suite de CD
un vernier, c'est une règle EF sur laquelle est portée une

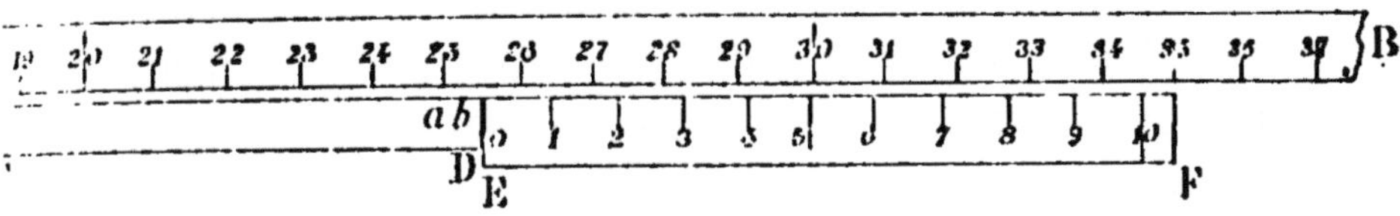

Fig. 35.

longueur égale à 9 divisions de AB divisée en 10 parties
égales, le zéro de ces divisions coïncidant avec l'extrémité D
de CD. On cherche alors quelle est la division de EF qui coïncide avec une division de AB. Le chiffre qu'elle porte, 5 dans
la figure, est égal au nombre de dixièmes des divisions de AB
qui représente la longueur ab. La longueur de la règle CD est
donc égale à 25,5, l'unité étant la division de AB.

Au lieu de porter sur le vernier une longueur égale à 9 divisions de AB que l'on divise en 10 parties égales, on peut y
porter une longueur de n divisions de AB que l'on divise en
$n + 1$ parties égales, on peut alors évaluer de la même manière les $(n + 1)$ parties des divisions de AB.

Loi de Mariotte.

41. Loi de Mariotte. — Les gaz sont très compressibles.
Lorsqu'on enfonce un piston dans un cylindre clos de toute
part contenant un gaz, on constate : 1° qu'il est possible de
réduire dans de grandes proportions le volume occupé par le
gaz; 2° qu'il faut exercer sur le piston une pression d'autant

plus énergique qu'on veut réduire le volume du gaz à une fraction plus petite de son volume primitif ; 3° que le gaz s'échauffe, cet échauffement ou élévation de température est quelquefois assez forte pour enflammer des corps combustibles préalablement placés dans le gaz que l'on comprime.

Il résulte de là que, d'une façon générale, le volume V d'un gaz varie en même temps que sa pression P et sa température t. On n'aura donc, d'une façon nette, le volume d'un poids donné de gaz que si on connaît en même temps sa pression, sa température et aussi la loi suivant laquelle V varie avec P et t.

Nous supposerons d'abord, pour simplifier, que la température reste constante et nous mesurerons expérimentalement les volumes divers occupés par un même poids de gaz soumis à des pressions diverses, c'est-à-dire que, après avoir fait varier les pressions, nous ne mesurerons les volumes gazeux qu'après avoir donné au gaz le temps de revenir à sa température primitive.

Mariotte fit à ce sujet les deux expériences suivantes :

I. — Un tube est recourbé (fig. 36) en deux branches inégales. La grande branche a un mètre environ et est divisée à partir de sa partie inférieure en parties d'égales longueurs. La petite branche est divisée en parties d'égales capacités, 12 par exemple. La dernière division est sur le plan horizontal contenant le zéro de la précédente, le tube étant vertical. On verse du mercure dans le tube de manière que le niveau dans les deux branches soit sur le même plan horizontal que le zéro de la grande branche, ce qui exige quelques tâtonnements.

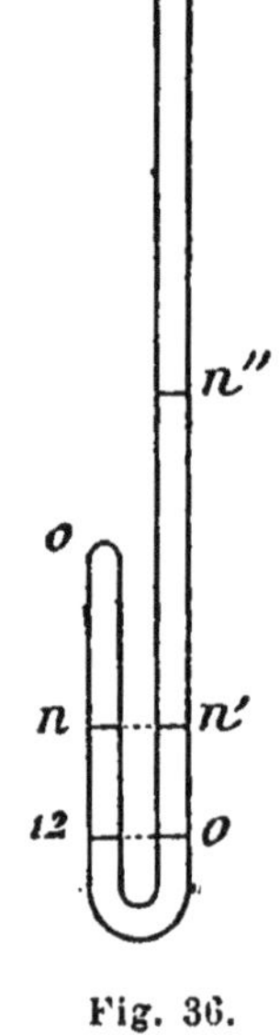

Fig. 36.

A ce moment, l'air enfermé dans la petite branche occupe les 12 divisions de cette branche et sa pression égale (§ 26-II) celle de l'atmosphère H qui s'exerce dans la branche ouverte et qu'un baromètre voisin permet de connaître. On verse alors du mercure dans la grande branche, le niveau s'y élève plus vite que dans la petite. On mesure le nombre n de divisions occupées par l'air dans la petite branche et la hauteur $n'' - n'$ du niveau dans la grande branche au-dessus du plan horizontal passant par n. On constate que les nombres ainsi trouvés vérifient la relation :

$$\frac{n}{12} = \frac{H}{H + n'' - n'}.$$

La hauteur $H + n'' - n'$ mesure la pression à laquelle est soumis l'air de la petite branche (§ 26-II). En particulier, si dans diverses expériences on donne à n les valeurs 8 et 6, on trouvera pour $n'' - n'$ les valeurs $\frac{1}{2} H$ et H. Les volumes de la masse gazeuse étant 12, 8, 6, les pressions correspondantes sont H, $\frac{3}{2} H$, $2 H$, c'est-à-dire en raison inverse.

Cet appareil ne permet que d'augmenter les pressions à partir de la pression atmosphérique ; pour étudier les variations simultanées des volumes et des pressions, Mariotte imagina la seconde expérience suivante :

II. — Dans une cuvette profonde pleine de mercure (fig. 37), on installe un tube de Toricelli A qui donne la pression atmosphérique H (§ 36). Un tube de verre cylindrique et di-

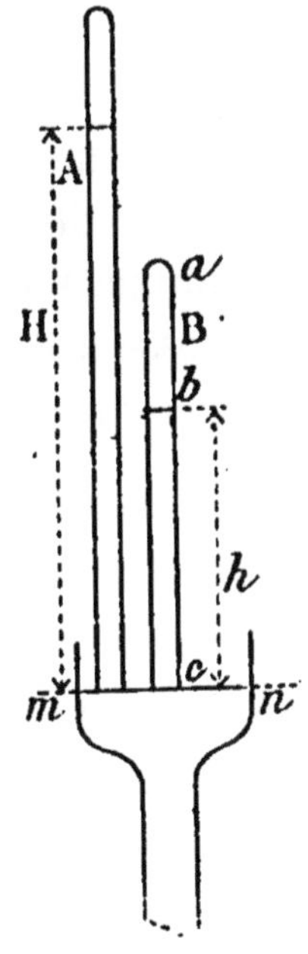

Fig. 37.

visé est en partie rempli de mercure, fermé avec le doigt, retourné, posé sur le mercure de la cuvette profonde en B et débouché. Dans une position quelconque, ce tube contient un volume d'air *ab* et une colonne de mercure *bc ;* les deux sont mesurables sur le tube lui-même. Deux éléments de même surface pris sur le niveau *mn* du mercure, l'un dans le tube B, l'autre en dehors supportent des pressions égales. Le premier supportant la pression atmosphérique H, le second la pression de la colonne *h* plus celle P du gaz enfermé en *ab*.

On a donc :

$$P + h = H \quad \text{ou} \quad P = H - h.$$

La pression de l'air en *ab* sera donc toujours représentée par la différence de hauteur des colonnes de mercure H et *h*.

En enfonçant ou en relevant le tube B, on peut faire varier le volume du gaz *ab*. Enfonçons le tube de manière que le niveau du mercure s'y trouve sur le plan *mn*, mesurons le volume V occupé par l'air qui sera, dans cette position, à la pression H. Soulevons le tube et nous constaterons que lorsque l'air occupera des volumes 2 V, 3 V... etc., les hauteurs *h* seront $\frac{1}{2}$ H, $\frac{2}{3}$ H, c'est-à-dire que les pressions de l'air seront $\frac{1}{2}$ H, $\frac{1}{3}$ H... etc., ou en raison inverse des volumes.

III. *Énoncé de la loi de Mariotte.* — Il résulte des expériences précédentes que : à température constante, les volumes occupés par un même poids de gaz sont en raison inverse des pressions qu'il supporte.

Appelons V, V′, V″... les volumes divers occupés par un

même poids de gaz soumis aux pressions P, P′, P″, on aura :

$$\frac{V}{V'} = \frac{P'}{P} \qquad \frac{V'}{V''} = \frac{P''}{P'}$$

ou

$$VP = V'P' = V''P''. \qquad (.)$$

Il résulte de cette dernière équation qu'on peut encore dire que, pour un poids π donné de gaz, si la température ne change pas, le produit du volume par la pression est un nombre constant. Si, par exemple, V_0 est le volume occupé par le poids π de gaz sous la pression P_0 d'une atmosphère (§ 37), on aura entre le volume V qu'occupe ce gaz sous une pression quelconque P et cette pression la relation :

$$V \cdot P = V_0 P_0. \qquad (2)$$

Le nombre constant défini plus haut est donc représenté par $V_0 P_0$, et est caractéristique du poids et de la nature du gaz considéré, mais le calcul de sa valeur exige que nous indiquions de nouvelles conventions.

42. Poids spécifique ou densité du gaz. — La densité du gaz peut se définir comme celle des corps solides et liquides (§ 14). Elle peut se mesurer par le rapport du poids d'un certain volume de gaz au poids du même volume d'eau à 4°. Mais, en opérant ainsi, on trouve des nombres trop petits pour la commodité de la plupart des calculs, on est convenu de prendre l'air au lieu de l'eau comme terme de comparaison. Mais le poids d'un volume donné d'air est très variable avec la température et la pression auxquelles il est soumis ; de là la nécessité de définir les conditions dans lesquelles on doit placer l'air au poids duquel on rapporte les poids des autres gaz. On est convenu de prendre pour cet usage l'air à la température de 0°C (§ 60) et sous la pression d'une atmosphère. Nous pourrons donc dire qu'on mesure la densité δ_{p} d'un gaz sous la pression p à la température t par le rapport du poids d'un certain volume de ce gaz au poids d'un égal volume d'air à la température 0°C et sous la pression d'une atmosphère. Les tables de densités donnent le rapport δ du poids d'un certain volume de gaz au poids du même volume d'air, les deux étant mesurés à 0°C et à une atmosphère, c'est ce rapport ainsi défini auquel on donne le nom de densité du gaz; nous verrons plus loin (§ 72) comment on peut dans chaque cas calculer δ_{p} connaissant δ.

L'équation (16) du § 14 :

$$P = Vd \qquad\qquad (1)$$

n'est applicable aux gaz que si d est leur densité par rapport à l'eau. Connaissant la densité tabulaire δ d'un gaz, il est facile d'en déduire la densité d de ce gaz par rapport à l'eau. Soient p, p', p'' les poids de volumes égaux d'eau, d'air et du gaz à 0° et à une atmosphère, on a par définition :

$$\delta = \frac{p''}{p'}; \qquad d = \frac{p''}{p};$$

d'où

$$d = \frac{p'}{p}\delta.$$

Or, $\dfrac{p'}{p}$ n'est autre chose que la densité de l'air par rapport à l'eau, nombre qui a été mesuré une fois pour toutes et trouvé égal à 0,001293; donc : $d = 0{,}001293\,\delta$ et la formule (1) devient :

$$P = 0{,}001293\ V\delta. \qquad\qquad (2)$$

Dans la suite de cet ouvrage, les densités des gaz, à moins d'indications contraires, seront toujours prises par rapport à l'air.

Application numérique. — On demande le poids de 10 mètres cubes d'acide carbonique dont la densité δ est 1,53. Appliquant directement la formule (2) on a :

$$P = 0,001293 \times 10 \times 1,53 = 0,0197829 \text{ tonnes,}$$
$$P = 19,7829 \text{ kilogrammes.}$$

43. Application de la loi de Mariotte. — Nous pouvons maintenant calculer la constante $P_0 V_0$ (§ 41-III) pour un poids π de gaz de densité δ. La valeur numérique de $P_0 V_0$ variera avec les unités choisies pour mesurer les volumes et les pressions. Convenons de prendre pour unité de pression l'atmosphère, pour unité de volume le mètre cube, pour unité de poids le kilogramme. On aura $P_0 = 1$ et V_0 sera donné par l'application directe de l'équation (2) du § précédent, remarquant toutefois que si V est en mètres cubes, P est en tonnes et que pour l'obtenir en kilogrammes qui est notre unité de poids mille fois plus petite que la tonne, il faut multiplier le second membre par mille (§ 1).

$$\pi = 1,293 \, V_0 \delta,$$

d'où
$$V_0 = \frac{\pi}{1,293 \, \delta} \qquad \text{avec} \qquad P_0 = 1.$$

L'équation (2) du § 41 devient :

$$PV = \frac{1}{1,293} \times \frac{\pi}{\delta} = 0,7734 \frac{\pi}{\delta}. \qquad (1)$$

Si, sans changer les unités de volume et de poids, on mesure les pressions en centimètres de mercure, on a $P_0 = 76$ et :

$$PV = \frac{76}{1,293} \cdot \frac{\pi}{\delta} = 58,78 \frac{\pi}{\delta}. \qquad (2)$$

Enfin, si sans changer les unités de volume et de poids on mesure les pressions en kilogrammes par mètre carré, $P_0 = 10336$ et :

$$PV = \frac{10336}{1,293} \cdot \frac{\pi}{\delta} = 7993,81 \frac{\pi}{\delta}. \qquad (3)$$

44. Exemples numériques. — I. Un vase clos ayant la forme d'un parallélipipède rectangle a pour dimensions 25, 50, 75 centimètres, il contient 2, 4 kilogrammes d'acide carbonique dont la densité est 1,53. On demande la pression intérieure. L'équation (1) donne :

$$P \times 0,25 \times 0,50 \times 0,75 = 0,7734 \frac{2,4}{1,53}$$

$$P = \frac{0,7734 \times 2,4}{0,25 \times 0,50 \times 0,75 \times 1,53} = 12,94 \text{ atmosphères.}$$

La pression sur chaque mètre carré de la surface du vase est :

$$12,94 \times 10336 = 133747,84 \text{ kilogrammes.}$$

et sur chaque centimètre carré

$$13,37 \text{ kilogrammes.}$$

II. — Un ballon sphérique, ayant 10 mètres de diamètre, est plein d'hydrogène de densité 0,07 à la pression atmosphérique, on demande le poids de ce gaz.

Traduisant en nombres l'équation (1) on a à remplacer P par 1, V par $\frac{1}{6} \cdot 3,1416 \times 10^3 = 0,5236 \times 10^3 = 523,6$ et δ par 0,07. On a donc

$$523,6 = 0,7734 \frac{\pi}{0,07}$$

d'où

$$\pi = \frac{523,6 \times 0,07}{0,7734} = 47,39 \text{ kilogrammes.}$$

Le poids d'un égal volume d'air serait

$$\pi' = \frac{523,5}{0,7734} = 677 \text{ kilogrammes.}$$

En appliquant aux gaz le principe d'Archimède, on voit que ce ballon, si on appelle p le poids de la matière qui le forme, est sollicité à s'élever dans l'air avec une force de :

$$677 - (47,39 + p) = (629,61 - p) \text{ kilogrammes.}$$

III. Par suite d'un accident, il s'est introduit de l'air dans la partie supérieure d'un baromètre, de sorte que lorsque la pression atmosphérique est H, il indique $h < H$. On demande quelle hauteur h_1 il marquera lorsque la pression atmosphérique deviendra H_1. l est la longueur du tube.

Lorsque la pression atmosphérique est H, l'air occupe un volume (S étant la section du tube) :

$$S\,(l - h) \text{ à la pression } H - h.$$

La pression atmosphérique devenant H_1, le volume de l'air devient :

$$S\,(l - h_1) \text{ et sa pression } H_1 - h_1.$$

C'est la même masse d'air, on peut appliquer la loi de Mariotte :

$$(l - h)\,(H - h) = (l - h_1)\,(H_1 - h_1).$$
$$h_1^2 - (l + H_1)\,h_1 + l\,H_1 - (l - h)\,(H - h) = 0$$
$$h_1 = \frac{l + H_1 \pm \sqrt{(l - H_1)^2 + 4\,(l - h)\,(H - h)}}{2}.$$

La question ne comporte qu'une solution et l'algèbre en fournit deux. Il y a ambiguïté à cause du double signe. Remarquons que le signe qui convient dans un cas particulier doit convenir dans tous les autres, et que si on suppose $h = H$, on doit avoir $h_1 = H_1$, car alors le baromètre ne contient pas d'air. Si nous introduisons dans la dernière équation l'hypothèse $h = H$, on a :

$$h_1 = \frac{l + H_1 \pm (l - H_1)}{2}.$$

On ne peut avoir $h_1 = H_1$ qu'en prenant le signe —. La solution du problème est donc :

$$h_1 = \frac{l + H_1 - \sqrt{(l - H_1)^2 + 4(l - H)(H - h)}}{2}.$$

Appliquer à $l = 1$ mètre, $h = 70$ centimètres, $H = 76$ centimètres, $H_1 = 80$ centimètres.

$$h_1 = \frac{100 + 80 - \sqrt{(100 - 80)^2 + 4(100 - 76)(76 - 70)}}{2},$$

$h_1 = 73,6$ centimètres.

45. Mélange des gaz. — Lorsque plusieurs gaz sont mélangés dans un vase, chacun d'eux se comporte comme s'il occupait seul le volume du mélange, c'est-à-dire qu'il exerce sur les parois la même pression que s'il était seul dans le récipient. On peut définir la quantité d'un gaz qui entre dans le mélange en donnant soit son poids et sa densité, soit son volume et sa pression. Si on la définit par son poids et sa densité, l'une des équations (1), (2) ou (3) du § 43 permettra de calculer son volume sous la pression de une atmosphère. On pourra donc encore dans ce cas considérer le gaz comme donné par son volume et sa pression. Dans toute sa généralité, le problème que cette loi permet de résoudre est le suivant : Dans un récipient V, on met des gaz dont les volumes mesurés aux pressions p, p', p'' sont v, v', v''. On demande la pression P dans le vase.

Appelons x, y, z les pressions exercées individuellement par chaque gaz. On a d'abord :

$$P = x + y + z + \dots \qquad (1)$$

Appliquons la loi de Mariotte à chaque gaz, on aura :

$$vp = Vx, \qquad v'p' = Vy, \qquad v''p'' = Vz. \qquad (2)$$

Ajoutant les équations (2) en tenant compte de (1) il vient :

$$VP = vp + v'p' + v''p'' \dots \qquad (3)$$

46. Application numérique. — I. Dans un récipient de 10 litres de capacité on met :

1° 7 litres d'air mesurés à la pression de 80 centimètres ;

2° 9 litres d'acide carbonique à la pression de 3,5 kilogrammes par centimètre carré.

3° 8 litres d'oxygène mesurés sous la pression de 1,5 atmosphère.

4° 4 grammes d'hydrogène de densité 0,0692.

On demande quelle est en colonne de mercure la pression dans ce récipient.

Toutes les pressions doivent être évaluées en colonne de mercure. Pour le 1ᵉʳ gaz, l'air, la pression est donnée avec cette unité, nous la laisserons représentée par 80 et nous aurons :

$$v = 7, \qquad p = 80.$$

2° Pour l'acide carbonique, nous savons (§ 37) que 3,5 kilogrammes par centimètre carré équivalent à $\dfrac{76 \times 3,5}{1,0336}$ centimètres de mercure, nous aurons :

$$v' = 9, \qquad p' = \frac{76 \times 3,5}{1,0336}.$$

3° Pour l'oxygène, nous savons que 1,5 atmosphère équivalent à $76 \times 1,5$ centimètre de mercure, nous aurons :

$$v'' = 8, \qquad p'' = 76 \times 1,5.$$

4° L'hydrogène est donné en poids, l'équation (2) du § 43 nous donnera son volume sous la pression de 76 centimètres de mercure en y faisant $P = 76$, $\pi = 0,004$, $\delta = 0,0692$, ce qui nous donne :

$$v''' = \frac{58,78 \times 0,004 \times 1000}{76 \times 0,0692}, \qquad p''' = 76.$$

L'équation (3) du § précédent est alors applicable à ces différents nombres, et donne :

$$10\,P = 7 \times 80 + \frac{9 \times 76 \times 3,5}{1,0336} + 8 \times 76 \times 1,5$$

$$+ \frac{58,78 \times 0,004 \times 1000}{0,0692}.$$

$$P = 718,6 \text{ centimètres} = 7,186 \text{ mètres}.$$

II. On demande le poids des gaz qui se trouvent dans le vase précédent, sachant que les densités de l'air, de l'acide carbonique et de l'oxygène sont : 1 ; 1,53 ; 1,1056.

L'équation (2) du § 43 nous donnera la solution de cette question, mais nous remarquerons que cette formule qui donne le poids π en kilogrammes lorsque V est exprimé en mètres cubes, le donne en grammes si V est exprimé en litres, et c'est ici le cas. x étant le poids cherché, on aura d'une manière générale pour chaque gaz :

$$\pi = \frac{\delta P V}{58,78}$$

et les pressions devront être exprimées en centimètres de mercure :

$$x = \frac{1 \times 80 \times 7}{58,78} + \frac{1,53 \times \left(\dfrac{76 \times 3,5}{1,0336}\right) \times 9}{58,78}$$
$$+ \frac{1,1056 \times (76 \times 1,5) \times 8}{58,78} + 4.$$

$$x = 90,95 \text{ grammes.}$$

APPAREILS DIVERS.

47. Machines pneumatiques. — Les machines pneumatiques sont des appareils destinés à retirer les gaz, l'air par exemple, des récipients qui les contiennent. Nous ne donnerons que les principes sur lesquels reposent les divers appareils destinés à cet usage.

48. Machine pneumatique ordinaire (fig. 38). — Un corps de pompe A percé d'une ouverture conique a à la partie inférieure, contient un piston B. Ce piston est muni d'une soupape C s'ouvrant de bas en haut, et il est traversé à frottement dur par une tige métallique D supportant un bouchon conique E au dessus de l'ouverture a. Dans son mouvement ascensionnel, le piston entraîne la tige D, mais le butoir F venant à s'appuyer sur le couvercle du corps de pompe, le piston con-

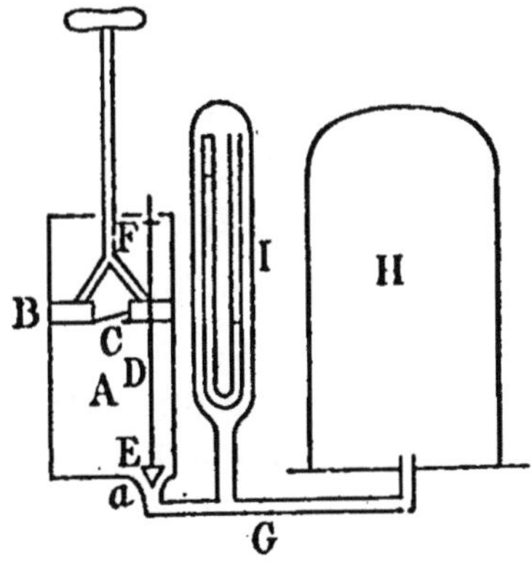

Fig. 38.

tinue son mouvement en glissant sur la tige D. Lorsque le piston descend, il applique d'abord le bouchon E sur l'ouverture a et glisse ensuite sur la tige D. Un tube G fait communiquer l'ouverture a avec le récipient H dans lequel on veut faire le vide. Sur le trajet de ce tube est une cloche I en verre dans laquelle on a placé un baromètre à siphon dont la grande branche a été raccourcie à la longueur de la petite. La différence de niveau du mercure dans ces deux branches donne la pression qui reste à chaque instant en H. On ne peut réussir à travailler le dessous du piston et le fond du corps de pompe de sorte qu'il n'y ait aucun espace entre eux lorsque le piston est au point le plus bas de sa course. Cet espace ralentit et limite la raréfaction, on l'appelle l'espace nuisible.

Cela posé, appelons :

V le volume du corps de pompe compris entre le fond du corps de pompe et le dessous du piston élevé le plus possible ;

u le volume de l'espace nuisible ;

R le volume du récipient H, de la cloche I et du tube G ;

P la pression atmosphérique ;

P_1, P_2, P_3... P_n les pressions après 1, 2, 3... n coups de piston.

Supposons qu'on ait donné $n - 1$ coup de piston, et que celui-ci soit au point le plus bas de sa course. À cet instant, nous avons en H, I, G un volume R d'air à la pression P_{n-1}, et dans l'espace nuisible un volume u d'air à la pression P. Soulevons le piston, la pression atmosphérique maintient fermée la soupape C et il y a communication entre H, I, G, A, de sorte que, lorsque le piston est arrivé au point le plus haut de sa course, les volumes d'air R et u ont pris le volume commun $R + V$ à une certaine pression x. Au moment même où le piston descend, l'ouverture a est fermée, de sorte que cette pression x n'est autre chose que la pression P_n qui reste en H, G, I après ce dernier coup de piston qui est le n^{me}.

Appliquant l'équation (3) du § 45 à ce cas particulier, on a immédiatement :

$$P_n (R + V) = RP_{n-1} + uP.$$

ou
$$P_n = \frac{R}{R + V} P_{n-1} + \frac{u}{R + V} P. \qquad (1)$$

Cette équation permet de calculer P_1, P_2, P_3,... P_n de proche en proche, en donnant à n les valeurs $1, 2, 3,... n$. On obtient ainsi le tableau suivant :

$$P_1 = \frac{R}{R + V} P + \frac{u}{R + V} P.$$

$$P_2 = \frac{R}{R + V} P_1 + \frac{u}{R + V} P.$$

$$P_3 = \frac{R}{R + V} P_2 + \frac{u}{R + V} P. \qquad (2)$$

$$\cdot \quad \cdot \quad \cdot \quad \cdot \quad \cdot \quad \cdot \quad \cdot \quad \cdot \quad \cdot \quad \cdot$$

$$P_{n-1} = \frac{R}{R + V} P_{n-2} + \frac{u}{R + V} P.$$

$$P_n = \frac{R}{R + V} P_{n-1} + \frac{u}{R + V} P.$$

Telle est la loi de raréfaction. Si u était nul, c'est-à-dire si la machine était parfaite, les deuxièmes membres de ces équations se réduiraient à leur premier terme, on constate donc que l'espace u ralentit la raréfaction. De plus, la machine cessera de fonctionner lorsque la pression P_n sera égale à la pression précédente, ou lorsqu'on aura $P_n = P_{n-1}$. Transportant cette hypothèse dans la dernière des équations (2), il vient :

$$P_n = \frac{u}{V} P. \qquad (3)$$

Cette valeur $\frac{u}{V}$ P est donc une limite que la raréfaction ne saurait dépasser.

On peut avoir immédiatement la valeur de P_n sans passer par toutes les valeurs intermédiaires. Multiplions successivement les équations (2) par $\left(\dfrac{R}{R+V}\right)^{n-1}$, $\left(\dfrac{R}{R+V}\right)^{n-2}$ ...

etc., jusqu'à l'avant-dernière qui sera multipliée par $\dfrac{R}{R+V}$ et à la dernière qui sera multipliée par 1, et ajoutons tous les résultats obtenus, il vient :

$$P_n = P\left(\frac{R}{R+V}\right)^n + \frac{Pu}{R+V}\left[\left(\frac{R}{R+V}\right)^{n-1} + \left(\frac{R}{R+V}\right)^{n-2} + \cdots \frac{R}{R+V} + 1\right].$$

L'expression entre crochets est formée des n premiers termes d'une progression géométrique dont le premier terme est 1 et la raison $\dfrac{R}{R+V}$, elle a donc pour valeur

$$\frac{1-\left(\frac{R}{R+V}\right)^n}{1-\frac{R}{R+V}} = \frac{\left[1-\left(\frac{R}{R+V}\right)^n\right](R+V)}{V};$$

Donc :

$$P_n = P\left\{\left(\frac{R}{R+V}\right)^n + \frac{u}{V}\left[1-\left(\frac{R}{R+V}\right)^n\right]\right\}. \qquad (4)$$

Pour une machine parfaite, $u = o$, on a :

$$P_n = P\left(\frac{R}{R+V}\right)^n. \qquad (5)$$

équation facile à établir directement.

Lorsque la pression est P_n dans le récipient et qu'on soulève le piston, on a, indépendamment des frottements, à exercer un effort égal à $S\,(P-P_n)\times 13,6$; S étant la section du piston et 13,6 la densité du mercure.

Supposons $S =$ un décimètre carré, $P = 76$ centimètres et $P_n = 1$ centimètre, cet effort est :

$$100\,(76-1)\times 13,6 = 102 \text{ kilogrammes.}$$

Pour obvier à cet inconvénient, on accouple deux corps de pompe dont les pistons sont solidaires et liés de sorte que lorsque l'un monte en soulevant la pression atmosphérique, l'autre descend, poussé par elle.

Avec cette disposition, on peut reculer la limite de raréfaction (Éq. 3) $\frac{u}{V}$ P.

Il suffit pour cela d'établir des communications telles que l'un des corps de pompe, isolé du récipient, fasse le vide dans l'espace nuisible de l'autre. M. Babinet a imaginé un robinet qui permet d'établir ces communications.

49. Machine pneumatique à mercure.— La figure 39 nous permettra de saisir le principe de cet appareil. Un tube de verre AB se divise en deux branches C et D munies chacune d'un robinet E, F. Un tube de caoutchouc BG relie les parties inférieures,

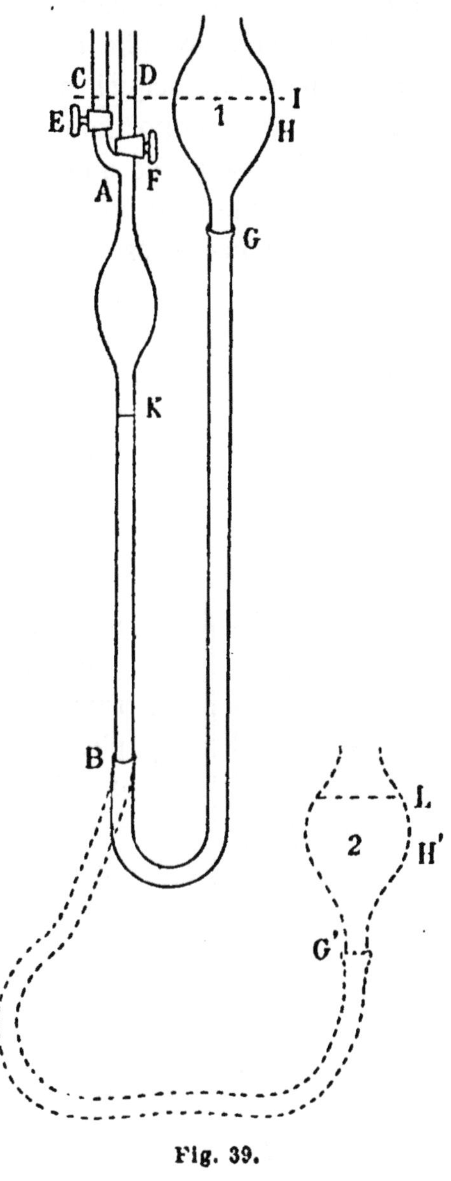

Fig. 39.

B, du tube AB et G du large réservoir de verre H. Grâce à la

flexibilité du tube BG, on peut placer le réservoir H soit dans la position 1 au-dessus du plan horizontal du robinet F, soit dans la position inférieure 2.

Au moyen d'un tube de caoutchouc relions la branche D au récipent dans lequel on veut faire le vide, fermons F, mettons H dans la position 1, ouvrons E et versons du mercure en H jusqu'à ce que son niveau paraisse au-dessus du robinet E sur le plan horizontal I. Cela fait, fermons le robinet E et plaçons le réservoir H dans la position 2. Nous aurons fait l'expérience de Toricelli (§ 36). Les niveaux du mercure seront en K et L tels que leur distance verticale représente la pression atmosphérique. Ouvrons le robinet F, l'air du récipient pénétrera dans la chambre barométrique, déprimera le mercure jusqu'en M. Fermons F, ouvrons E, le mercure sera au même niveau partout; replaçons le réservoir dans la position 1, l'air du tube sera rejeté dans l'atmosphère; une partie de cet air provient du récipient dont il a été extrait à la suite de ces diverses opérations. En recommençant plusieurs fois la même manœuvre nous raréfierons l'air du récipient de plus en plus.

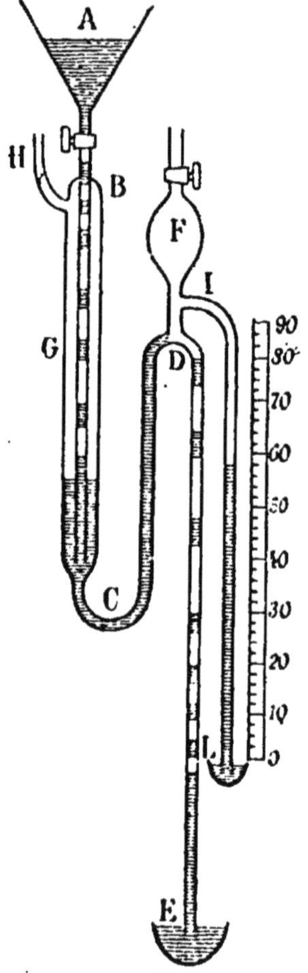

Fig. 40

50. Pompe de Sprengel. — Ces appareils tendent de plus en plus à se substituer aux machines pneumatiques dans l'industrie. En principe, cet appareil se compose (fig. 40) d'un réservoir de mercure A qui laisse tomber du mercure dans le tube recourbé BCDE. Si l'écoulement est bien réglé, le mercure arrivé en D se divise en gouttelettes dans l'intervalle desquelles se loge de l'air entraîné par elles et provenant du réservoir F mis en relation avec le récipient dans lequel on veut faire le vide. En G le tube est enveloppé d'un manchon dans lequel se dégage l'air que peut entraîner le mercure dans sa chute; cet air s'échappe, par le tube latéral H, dans l'atmosphère. Enfin le tube latéral IL plongeant dans une cuvette de mercure permet de constater à chaque instant le degré de raréfaction obtenu dans le vase F et, par suite dans le récipient. Cette machine, modifiée diversement, est presque uniquement employée dans les fabriques de lampes électriques à incandescence dans lesquelles doit exister un vide aussi parfait que possible. Dans ces lampes, les gaz qui restent ont une pression de $\frac{1}{100}$ de millimètre à froid et toujours inférieure à $\frac{1}{10}$ de millimètre lorsque la lampe fonctionne.

51. Machines de compression. — Cette machine représentée en principe (fig. 41) est destinée à accumuler de l'air par exemple dans un récipient A. Si dans une machine pneumatique (§ 48) nous renversons le sens dans lequel s'ouvrent les soupapes, nous obtiendrons une pompe de compression. La figure ci-contre permet de ne rien décrire ; nous comprendrons le jeu

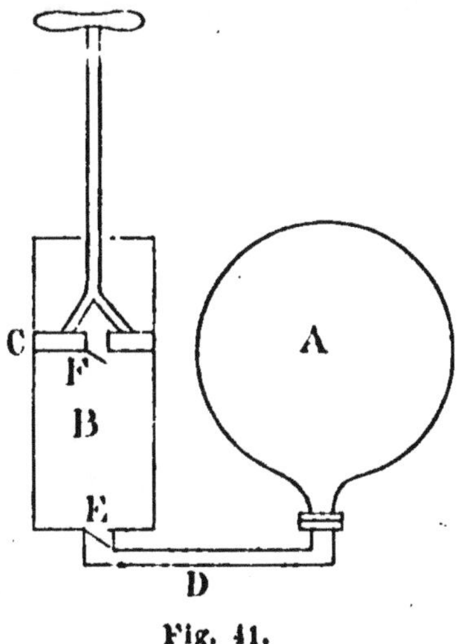

Fig. 41.

de la machine en étudiant la loi de compression de l'air dans le récipient A. Appelons :

V le volume du corps de pompe B compris entre sa partie inférieure et le dessous du piston élevé C le plus possible ;

u le volume de l'espace nuisible ;

R le volume du récipient A, y compris le tube D ;

P la pression atmosphérique ;

P_1, P_2, P_3... P_n les pressions en A après 1, 2, 3... n coups de piston.

Supposons qu'on ait donné $n - 1$ coup de piston et que celui-ci soit au point le plus bas de sa course. A ce moment, nous avons :

En A un volume d'air R à la pression P_{n-1} ;

Dans l'espace nuisible un volume u d'air à la pression P_{n-1}.

Soulevons le piston, la soupape E reste fermée, car elle reçoit de bas en haut la pression P_{n-1}, supérieure à celle que prend immédiatement l'air enfermé dans l'espace nuisible et qui presse la soupape de haut en bas. Cette dernière pression, égale d'abord à P_{n-1}, diminue de plus en plus à mesure que le piston s'élève et elle devient égale à la pression atmosphérique lorsque le volume x qui est offert au gaz qui l'exerce est donné par l'équation :

$$xP = uP_{n-1} \qquad \text{ou} \qquad x = u\frac{P_{n-1}}{P}. \qquad (1)$$

A ce moment la soupape F s'ouvre et l'air extérieur entre dans le corps de pompe pendant le reste de l'ascension du piston. Abaissons le piston, la soupape F se ferme immédiatement, étant plus pressée de bas en haut que de haut en bas, et le volume occupé par l'air dans le corps de pompe se réduit de plus en plus. Lorsque sa valeur y est donnée par l'équation :

$$VP = y\ P_{n-1} \qquad \text{ou} \qquad y = V\frac{P}{P_{n-1}}. \qquad (2)$$

la soupape E s'ouvre et l'air est refoulé dans l'espace nuisible et dans le récipient A où il acquiert la pression P_n que nous voulons calculer.

En résumé, nous avons mis, dans l'espace $R + u$, deux masses d'air : la première occupant le volume V sous la pression P; la deuxième, le volume R sous la pression P_{n-1}; on peut appliquer l'équation (3) du § 45 :

$$P_n (R+u) = VP + RP_{n-1}.$$

ou
$$P_n = \frac{V}{R+u} P + \frac{R}{R+u} P_{n-1}. \qquad (3)$$

Cette équation permet de calculer P_1, P_2, P_3... P_n de proche en proche en donnant à n les valeurs 1, 2, 3... n. On obtient le tableau suivant :

$$\left. \begin{aligned}
P_1 &= \frac{V}{R+u} P + \frac{R}{R+u} P \\
P_2 &= \frac{V}{R+u} P + \frac{R}{R+u} P_1 \\
&\ \cdot\ \cdot\ \cdot\ \cdot\ \cdot\ \cdot\ \cdot\ \cdot\ \cdot\ \cdot \\
P_{n-1} &= \frac{V}{R+u} P + \frac{R}{R+u} P_{n-2} \\
P_n &= \frac{V}{R+u} P + \frac{R}{R+u} P_{n-1}
\end{aligned} \right\} \qquad (4)$$

La machine cessera de fonctionner lorsqu'on aura $P_n = P_{n-1}$, ce qui donne $P_n = P_{n-1} = \dfrac{V}{u} P$. On arrive à la même conclusion en remarquant que pour que la pompe fonctionne, il faut que les soupapes E et F s'ouvrent, c'est-à-dire que le volume x (Éq. 1) soit plus petit que V ou que le volume y (Éq. 2) soit plus grand que u. Donc $\dfrac{V}{u}$ P est la limite de la pression qu'on peut obtenir.

Pour avoir la pression P_n sans passer par les pressions intermédiaires, le calcul est le même que celui que nous avons fait au § 48 pour la machine pneumatique, on trouve :

$$P_n = P\left\{\left(\frac{R}{R+u}\right)^n + \frac{V}{u}\left[1 - \left(\frac{R}{R+u}\right)^n\right]\right\}. \quad (5)$$

Dans une machine parfaite, $u = o$, P_n se présente sous une forme indéterminée :

$$P_n = P\left\{1 + \infty \times 0\right\}$$

mais on a :

$$\frac{1}{u}\left[1 - \left(\frac{R}{R+u}\right)^n\right] = \frac{(R+u)^n - R^n}{u(R+u)^n}.$$

Cette dernière expression se présente sous la forme $\dfrac{0}{0}$ pour $u = o$. Le rapport de la dérivée du numérateur à celle du dénominateur est :

$$\frac{n(R+u)^{n-1}}{n(R+u)^{n-1}u + (R+u)^n} = \frac{n}{(n+1)u+R}.$$

Pour $u = o$, la valeur de cette fraction est $\dfrac{n}{R}$, donc dans ce cas :

$$P_n = P\left[1 + \frac{nv}{R}\right], \quad (6)$$

équation facile à obtenir directement.

52. Manomètres. — Ces appareils sont destinés à mesurer les pressions des gaz. Le baromètre tronqué (I. fig. 38) de la machine pneumatique est un manomètre destiné à mesurer de très petites pressions. Un tube ouvert aux deux bouts, placé verticalement dans la cuvette d'un baromètre à côté du tube barométrique, constitue un manomètre pour les pressions inférieures à l'atmosphère.

En faisant communiquer par le haut ce tube avec le récipient dans lequel on veut estimer la pression, la différence entre les hauteurs du mercure dans les deux tubes indiquera la pression cherchée. On donne plus spécialement le nom de manomètres aux appareils destinés à mesurer des pressions plus élevées que celle de l'atmosphère, ils sont de plusieurs espèces.

I. *Manomètre à air libre*. — Un long tube vertical ouvert à la partie supérieure plonge par la partie inférieure dans du mercure contenu dans un récipient étanche et que l'on peut mettre en communication avec l'enceinte dans laquelle on veut estimer la pression. La hauteur du mercure dans ce tube, augmentée de la hauteur barométrique, donne la pression cherchée.

II. *Manomètre à air comprimé*. — Les figures 42 et 43 donnent deux modèles de ces appareils. Les tubes A communiquent avec des réservoirs étanches B contenant du mercure et pouvant être reliés à l'enceinte dans laquelle on veut estimer la pression. Ces tubes, fermés à leur partie supérieure, contiennent de l'air en quantité telle que les niveaux dans leur intérieur et dans les réservoirs sont sur un

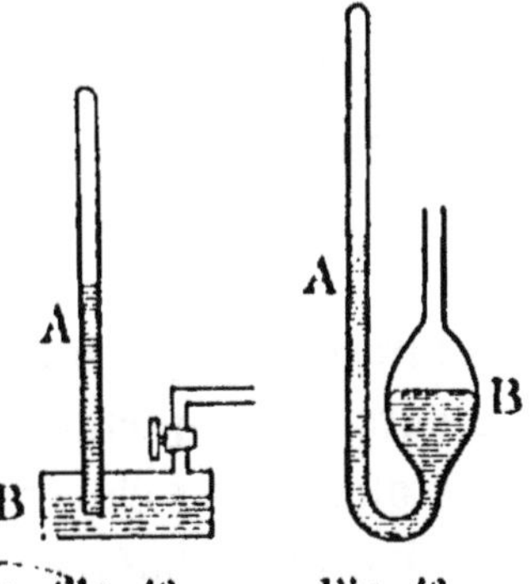

Fig. 42.　　Fig. 43.

même plan horizontal lorsque ces réservoirs communiquent avec l'atmosphère. Le mercure s'élève dans le tube A à des hauteurs variables avec la pression qui s'exerce dans les réservoirs. Sur le tube sont inscrites en atmosphères les pressions correspondantes aux niveaux divers qu'on peut observer. Ces appareils sont en général gradués par comparaison avec un manomètre étalon ou avec un manomètre à air libre. On peut les graduer directement par la méthode suivante :

Supposons les cuvettes B d'assez grande section pour qu'on puisse négliger l'abaissement du niveau en B lorsque le mercure monte dans le tube A. Appelons l la longueur du tube (supposé cylindrique) comptée depuis son sommet jusqu'au niveau du mercure en B lorsque la pression est 76 centimètres. Exerçons en B une pression de n atmosphères, le mercure montera dans le tube A à une hauteur x.

L'air contenu dans le tube occupait d'abord :
Un volume l à la pression 76 centimètres.
Puis un volume $l - x$ à la pression n. $76 - x$.
On a donc :

$$76l = (l - x)(n.76 - x)$$
$$x^2 - (l + 76n)x + 76\,l(n - 1) = 0.$$
$$x = \frac{76n + l - \sqrt{(76n - l)^2 + 4 \times 76\,l}}{2}$$

Nous ne mettons que le signe — devant le radical parce que c'est le signe qui, lorsqu'on suppose $n = 1$, donne $x = 0$. Ce signe convenant à ce cas particulier doit convenir au cas général.

Il suffira de donner à n les valeurs 1, 2, 3, 4... pour avoir les valeurs correspondantes de x et, par suite, connaître les niveaux auxquels s'élèvera le mercure sous les pressions de 1, 2, 3, 4... atmosphères.

III. *Manomètre métallique*. — Cet appareil est fondé sur le même principe que le baromètre métallique (§ 39 — V).

La pression à mesurer s'exerce dans l'intérieur d'un tube métallique recourbé et clos, dont les déformations sont d'autant plus grandes que la pression est plus forte. L'une des extrémités de ce tube est fixe, l'autre, seule mobile, transmet par des leviers son mouvement à une aiguille sur un cadran divisé.

L'appareil est gradué par comparaison avec un manomètre étalon.

IV. *Manomètre pour de très fortes pressions*. — Étant donné (fig. 44) un tube de verre, renflé à sa partie inférieure, contenant du mercure et vide d'air, M. Cailletet a démontré, par comparaison avec un manomètre à air libre de 70 mètres de long, que les changements de volume de ce tube soumis à des pressions croissantes sont proportionnels à ces pressions.

Il suffira donc de plonger le réservoir de ce tube dans un liquide sur lequel s'effectuera la pression à mesurer pour avoir une valeur approchée de cette valeur. Les variations de volume sont accusées par le déplacement du niveau de la colonne de mercure dans le tube.

Fig. 44.

53. Pompes. — Les pompes sont destinées à élever un liquide, de l'eau par exemple, d'un réservoir inférieur à un réservoir supérieur. Il en est de plusieurs sortes ; nous allons indiquer le principe de fonctionnement des trois principaux types.

I. *Pompe aspirante*. — Un corps de pompe A est muni d'une soupape B et d'un piston C qui porte lui-même une soupape D (fig. 45). Ces soupapes s'ouvrent de bas en haut.

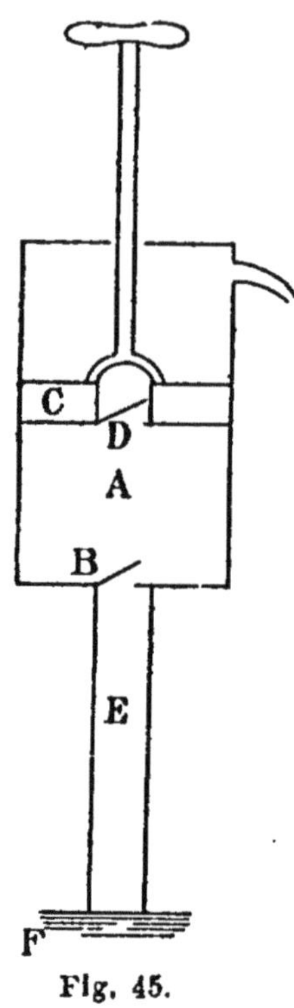

Un tuyau d'aspiration E part du fond du corps de pompe et plonge dans l'eau F à élever. Supposons le piston au point le plus bas de sa course, le niveau de l'eau étant le même à l'intérieur et à l'extérieur du tuyau d'aspiration. Soulevons le piston, la pression de l'air, qui occupe un volume croissant, diminue ; l'eau s'élève en E de manière que la pression que représente sa hauteur ajoutée à celle de l'air équilibre la pression atmosphérique. Si nous abaissons le piston, la soupape B se ferme, D s'ouvre, l'air est expulsé dans l'atmosphère. En donnant d'autres coups de piston, l'eau s'élèvera peu à peu jusque dans le cylindre A et c'est elle alors qui sera expulsée au dehors par le tuyau d'écoulement H.

Fig. 45.

La distance qui sépare la base inférieure du piston lorsqu'il est au point le plus haut de sa course du niveau de l'eau F, doit être inférieure théoriquement à la hauteur d'eau (10,336 mètres) qui représente la pression atmosphérique. En pratique cette hauteur ne peut excéder 7 à 8 mètres à cause des imperfections inévitables de l'appareil.

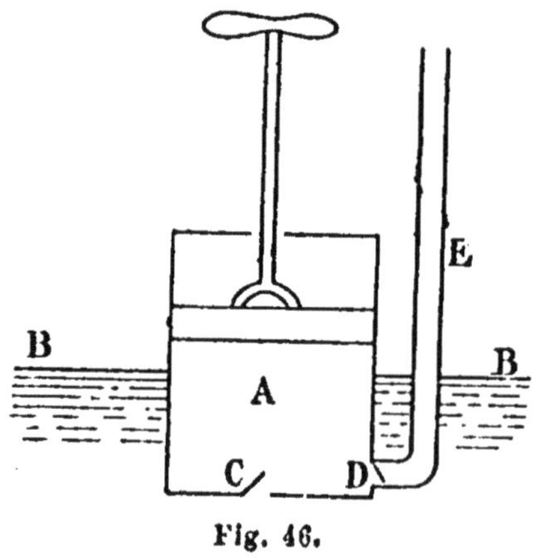

Fig. 46.

11. *Pompe foulante* (fig. 46). — Le corps de pompe A, sans

tuyau d'aspiration, plonge dans l'eau dont le niveau est BB. Le piston est plein, et un tuyau de refoulement part de la partie inférieure du cylindre A. Deux soupapes C et D s'ouvrent comme l'indique la figure. Si on soulève le piston, supposé d'abord au point le plus bas de sa course, le vide se fait au-dessous, la pression atmosphérique ferme la soupape D et, se transmettant par l'eau, ouvre la soupape C. L'eau entre dans le corps de pompe. Abaissons le piston, la pression exercée par lui ferme la soupape C et ouvre la soupape D. L'eau est refoulée dans le tuyau latéral E. Les mêmes phénomènes se reproduisent à chaque coup de piston.

III. *Pompe aspirante et foulante.* — Cette pompe est une combinaison des deux précédentes. On peut se la figurer en élevant le corps de pompe A (fig. 46) au-dessus du niveau du liquide et en lui ajoutant un tuyau d'aspiration pareil au tuyau E de la figure 45. Le jeu de cet appareil est facile à comprendre à l'aide des explications précédentes.

IV. *Modifications diverses.* — A l'aide des pompes précédentes, l'élévation ou le refoulement de l'eau est intermittent, son écoulement est discontinu. On peut obtenir un jet continu en accouplant deux pompes dont les tiges de piston sont liées de telle sorte que l'un des pistons monte quand l'autre descend et en donnant aux deux pompes accouplées le même tuyau d'écoulement. On peut encore obtenir ce résultat en refoulant l'eau dans un réservoir d'air A (fig. 47) d'où part un deuxième tuyau de refoulement B. Lorsque l'eau arrive dans ce réservoir, l'air est comprimé

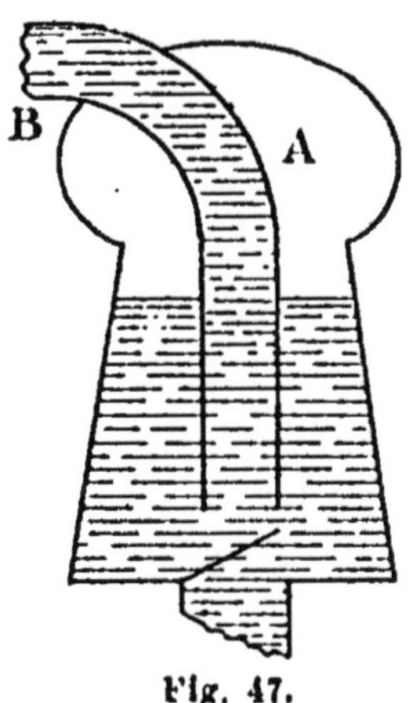

Fig. 47.

en A et, lorsque l'eau cesse d'arriver, l'élasticité de l'air comprimé maintient l'écoulement par le tube B. Dans les pompes à incendie, les deux moyens que nous venons d'indiquer pour obtenir un écoulement continu sont employés simultanément.

54. Siphon. — C'est un appareil destiné à transvaser un liquide d'un récipient dans un autre, le premier étant à un niveau plus élevé que le second. Il se compose simplement (fig. 48) d'un tube recourbé en deux branches inégales. La plus courte branche plonge dans le vase supérieur A ; le siphon est amorcé, c'est-à-dire préalablement rempli du liquide, l'écoulement se produit jusqu'à ce que le niveau en A se trouve au-dessous de l'ouverture de la petite branche du siphon. Supposons le siphon installé amorcé et fermé à sa partie inférieure par une membrane B.

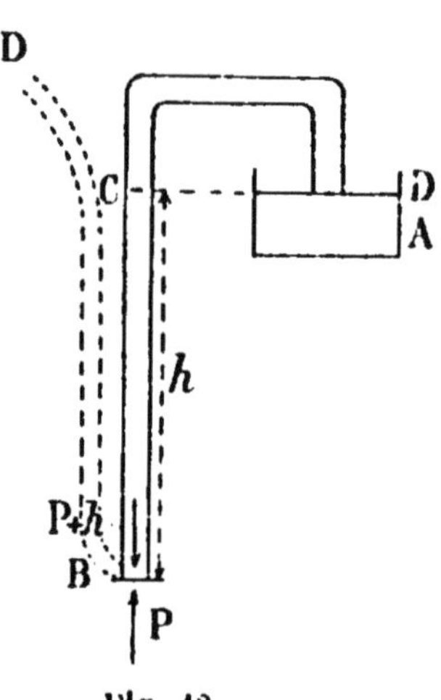

Fig. 48.

Cette membrane est soumise de bas en haut à la pression atmosphérique P, et de haut en bas à une autre pression qui égale celle supportée par la tranche C située plus haut, plus le poids de la colonne de liquide CD. Prenons C sur le plan horizontal passant par le niveau du liquide dans le vase A ; la pression supportée par C égale celle supportée par un élément de même surface prise sur le niveau dans le vase A, elle est donc égale à la pression atmosphérique que nous suposerons égale à P, à cause de la faible différence de niveau h entre A et B. La membrane est donc soumise de haut en bas à une pression P + h et de bas en haut à la pression P ; la résultante de ces deux pressions est dirigée de haut en bas et égale à h. Abandonnée à elle-même, la membrane tombe, est suivie par la colonne d'eau CD qui, en s'écoulant, fait office de piston et assure la continuité de l'écoulement.

Pour amorcer le siphon, on peut soit aspirer par l'extrémité B, soit munir la grande branche d'une branche latérale, figurée en pointillé sur la figure et, fermant B, aspirer par D ; soit encore fermer le vase A d'un couvercle, percé d'une première ouverture, pour laisser passer le siphon, et d'une deuxième ouverture, pour exercer sur le liquide de A une pression suffisante, en soufflant, par exemple, dans le vase par cette ouverture.

55. Aérostats. — Un aérostat ou ballon est un corps plus léger que l'air qu'il déplace et qui, en conséquence du § 35 relatif à l'application du principe d'Archimède aux gaz, s'élèvera dans l'atmosphère. On appelle force ascensionnelle du ballon la force avec laquelle il s'élève ; elle est évidemment égale à la différence entre le poids de l'air qu'il déplace et le poids du ballon lui-même.

56. Exemple numérique. — Le ballon captif de l'Exposition de 1878 à Paris était caractérisé par les nombres suivants :

Diamètre $= 36$ mètres. Poids du filet 3,300 kilogrammes. Nacelle du poids de 1,600 kilogrammes. Câble pour le retenir du poids de 2,200 kilogrammes. Agrès divers, 3,650 kilogrammes. Poids de 50 personnes pouvant prendre place dans la nacelle évalué à 3,250 kilogrammes. L'enveloppe pesait 1 kilogramme par mètre carré. Densité de l'hydrogène 0,07. On demande sa force ascensionnelle sous la pression d'une atmosphère.

La force qui tend à soulever le ballon est le poids π de l'air qu'il déplace :

$$(\text{Eq. 1}, \S 43) \quad \pi = \frac{1}{6} \times 3,1416 \times \overline{36}^3 \times \frac{1}{0,7734} = 31586 \text{ kg.}$$

La force qui tend à le faire descendre est la somme de tous les poids qui le composent :

1° Poids π' de l'hydrogène obtenu en appliquant l'équation (1) du § 43 :

$$\pi' = \frac{1}{6} \times 3,1416 \times \overline{36}^3 \times \frac{0,07}{0,7734} = 2211$$

$$2° \text{ Poids du filet} \dots \dots \dots = 3300$$
$$3° \text{ Poids de la nacelle} \dots \dots \dots = 1600$$
$$4° \text{ Poids du câble} \dots \dots \dots = 2200$$
$$5° \text{ Agrès divers} \dots \dots \dots = 3650$$
$$6° \text{ Poids des voyageurs} \dots \dots \dots = 3250$$
$$7° \text{ Poids de l'enveloppe } 3,1416 \times \overline{36}^3 = 4072$$

$$\overline{20283} \text{ ci } 20283$$

$$\text{Force ascensionnelle} \dots \dots \dots = \overline{11303 \text{ kg.}}$$

La force ascensionnelle cherchée est de 11,303 kilogrammes.

Dans ce calcul, on a négligé le volume occupé par les divers matériaux solides qui constituent le ballon.

CHALEUR.

57. Effets généraux. — L'expérience apprend qu'un corps solide exposé à un foyer calorifique produit sur la main qui le touche des sensations variables, augmentant d'intensité et qui finissent par être intolérables. On dit vulgairement dans ce cas que la température du corps augmente ou s'élève. Un examen plus attentif nous montre que le corps solide chauffé augmente de volume. On peut s'en convaincre par diverses expériences simples : 1° On prend une règle métallique, on la pose sur une table et on place en contact avec ses deux extrémités deux objets quelconques, on la chauffe et on constate qu'elle ne peut plus se loger entre ces deux objets ; elle est donc plus longue, elle s'est dilatée en longueur. Abandonnée à elle-même, elle se refroidit et loge de nouveau entre les deux objets qui ont servi de repères ; elle s'est donc contractée en longueur par refroidissement. 2° On prend une boule et un anneau de même matière et travaillés de manière que la boule passe exactement dans l'anneau. Si on chauffe la boule, elle ne passe plus dans l'anneau, elle s'est dilatée en volume ; abandonnée à elle-même, elle se refroidit et passe de nouveau dans l'anneau, elle s'est contractée en volume. Si on chauffe la boule et l'anneau de la même manière, la boule passe exactement dans l'anneau, ce qui nous montre que le corps creux s'est dilaté comme s'il eût été plein.

En résumé, nous pouvons conclure de ce qui précède que les corps solides se dilatent lorsqu'on élève leur température et se contractent en se refroidissant.

En continuant à chauffer un corps solide, en élevant de plus en plus sa température, il arrivera un moment où ce corps prendra l'état liquide, il changera d'état et nous pourrons constater que les liquides, comme les solides, se dilatent lorsque leur température s'élève. Ces dilatations étant très petites, ne peuvent être constatées qu'en prenant certaines précautions expérimentales. Remplissons complétement un vase avec du mercure et chauffons-le, le mercure déborde, donc le mercure a augmenté de volume, puisque malgré la dilatation du vase, ce dernier n'a pas suffi pour le contenir. Cette expérience nous montre que le mercure se dilate et se dilate plus que le solide qui le contenait. Les mêmes résultats s'obtiennent en employant pour répéter cette expérience des vases de matières diverses et des liquides divers, donc les liquides se dilatent plus que les solides.

Chauffant encore le liquide, on peut constater que son poids diminue, il se transforme en une matière gazeuse ou vapeur, il prend un nouvel état. Réduit à l'état de gaz, il se dilate encore si on le chauffe, mais le phénomène est plus complexe à cause des propriétés de compressibilité des gaz que ne possèdent pas au même degré les solides et les liquides.

Deux cas se présentent : 1° le gaz est enfermé dans un volume qui demeure invariable ; 2° il se dilate librement, sa pression restant constante.

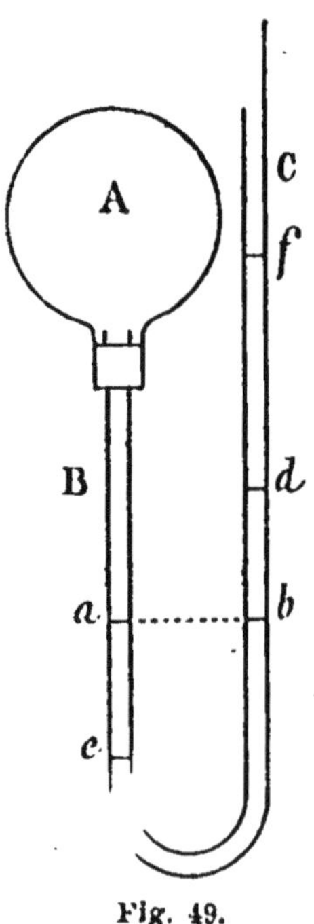

Fig. 49.

Pour étudier expérimentalement ce qui se passe dans le premier cas, nous aurons recours (fig. 49) à un ballon A mis en communication au moyen d'un bouchon percé avec le tube BC recourbé. En *a* se trouve marqué un repère. Le bouchon étant détaché du ballon, mettons du mercure dans le tube jusqu'au niveau *ab* et replaçons le bouchon. Le ballon contient un volume d'air limité en *a* soumis à la pression atmosphérique. Si nous chauffons le ballon, les niveaux du mercure quittent les positions *a* et *b* et viennent en *e*, *d*, ce qui montre que le volume de l'air a augmenté en même temps que sa pression. Versons du mercure par la branche ouverte *c*, nous pourrons ramener le niveau

en *a*, c'est-à-dire le volume du gaz à sa valeur primitive, et
le niveau dans la branche *c* sera en *f*. Le volume sera resté
le même, mais la pression a augmenté.

Pour le deuxième cas, nous constaterons qu'un index de
mercure *a* placé dans le
tube BC (fig. 50) recourbé
et fixé dans le bouchon
qui ferme le ballon plein
d'air A, se déplace vers la
droite lorsqu'on chauffe ce
ballon. Le volume du gaz
augmente et il est toujours
soumis à la même pres-
sion, qui est la pression atmosphérique.

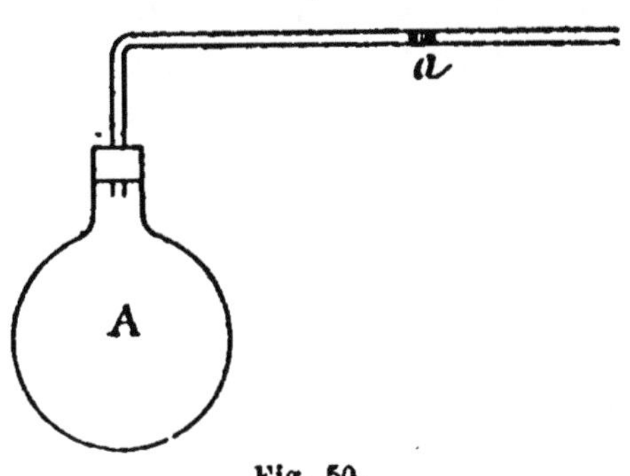

Fig. 50.

Nous voyons donc que la chaleur produit sur les corps :
1° des dilatations ; 2° des changements d'état. Nous nous occuperons d'abord du premier de ces phénomènes.

58. Température et thermomètre. — La définition
du mot température donnée plus haut est vague, mais les
faits expérimentaux précédents nous permettent de préciser davantage. Nous dirons que deux corps A et B sont à la
même température lorsque, mis en présence l'un de l'autre,
leur volume ne varie pas. Le corps A sera à une température
supérieure à celle du corps B, lorsque le volume de A di-
minuant, celui de B augmentera. On pourra même savoir, et
c'est le procédé le plus employé, si A est plus chaud que B
sans mettre ces deux corps en présence. Pour cela, imaginons
un corps C dont les variations de volume soient faciles à mesurer. Mettons C en présence de A, son volume augmente ou
diminue et prend une valeur finale V, C et A sont alors à la
même température ; portons C en présence de B, son volume

devient V'. Si $V > V'$, le corps A est à une température plus élevée que B, si $V < V'$, A est plus froid que B, enfin si $V = V'$, les températures de A et de B sont égales.

Le corps C qui permet de comparer les températures des divers corps en présence desquels on le place ou des divers milieux dans lesquels il est placé, s'appelle un thermomètre.

Pour rendre comparables entre elles les indications des thermomètres, on est convenu d'indiquer sur chacun d'eux les volumes V_0 et V_1 qu'ils occupent lorsqu'ils sont mis en présence successivement de deux corps à des températures différentes mais constantes et faciles à reproduire. Puis, divisant l'augmentation de volume $V_1 - V_0$ que subit le thermomètre dans ces conditions en n parties égales v, on appellera degré chacune de ces parties :

$$v = \frac{V_1 - V_0}{n}.$$

Si l'on prend v pour unité de mesure de V et de V_0, on aura $V = n_1 v$, $V_0 = n_0 v$, le volume du degré sera donc :

$$\frac{n_1 - n_0}{n} = 1, \qquad \text{ou} \qquad n_1 - n_0 = n.$$

Avec ces conventions, lorsque le thermomètre sera mis dans une enceinte où il prendra le volume $V_0 + Nv$ ou $n_0 + N$, avec l'unité choisie, nous dirons que la température de cette enceinte est $n_0 + N$ degrés. Le nombre N peut être positif ou négatif. Positif, la température est supérieure à la plus basse des températures repères choisies ; négatif, la température de l'enceinte est plus basse que la plus basse de ces températures repères.

59. Construction et graduation des thermomètres. — Le corps thermométrique doit avoir une dilatation

suffisante, être toujours identique à lui-même et se mettre facilement en équilibre de température avec les enceintes dans lesquelles il se trouve. Les corps solides ne se dilatent pas suffisamment; il faudrait avoir recours à des artifices pour amplifier les effets produits par leur variation de volume, ce qui se prête mal aux exigences d'un appareil d'un usage courant. Ils sont cependant employés dans certaines circonstances que nous verrons plus loin. Les gaz varient de volume non seulement par une élévation de température, mais aussi par une variation de leur pression, ce qui conduit, dans leur emploi comme corps thermométrique, à tenir compte de cette double influence. Leur emploi à cet usage est réservé aux laboratoires. Restent les liquides et parmi eux le mercure est celui qui remplit le mieux les autres conditions énoncées.

Prenons un tube de la forme A (fig. 51) plein d'air et chauffons-le, l'air se dilate et sort en partie du tube par la pointe effilée. Retournons-le pour plonger cette pointe effilée dans un bain de mercure, l'air se refroidit, diminue de pression, la pression atmosphérique force le mercure à pénétrer dans le tube, sans toutefois le remplir à cause de l'air qui s'y trouve encore. Retournant le tube nous aurons dans son réservoir inférieur une certaine quantité de mercure que nous porterons à l'ébullition. Les vapeurs de mercure, chassant l'air devant elles, finissent par remplir complètement le tube, retournons-le de nouveau en plongeant sa pointe dans du mercure chaud, les vapeurs se condensent et la pression atmosphérique fait pénétrer le mercure dans le·tube jusqu'à le remplir complètement. Portons ensuite le tube dans une enceinte dont la température soit un peu supérieure à la tem-

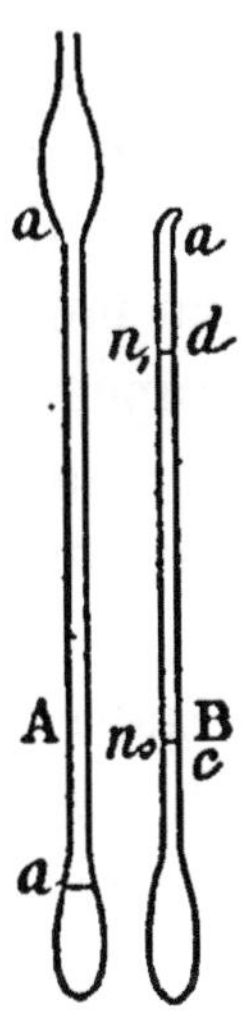

Fig. 51.

pérature la plus élevée que nous voulons faire indiquer au thermomètre et coupons l'ampoule en a en fondant le verre au chalumeau. Le tube prend la forme B et contient la quantité de mercure nécessaire. Il reste à graduer l'appareil.

L'expérience apprend que lorsqu'un thermomètre construit comme il vient d'être dit est placé dans de la glace fondante ou dans de la vapeur d'eau bouillante sous la pression d'une atmosphère, le niveau du mercure prend toujours les positions c ou d, et ces positions restent constamment les mêmes pendant tout le temps que la glace fond ou que l'eau bout dans les mêmes conditions. Il résulte de ce qui précède que les températures de la glace fondante, d'une part, et de la vapeur d'eau bouillante sous la pression d'une atmosphère, d'autre part, sont des températures constantes. Elles sont du reste faciles à reproduire; on les a donc prises comme les températures repères dont il est parlé au § précédent. Cela posé, plongeons le thermomètre dans la glace fondante et lorsque le niveau du mercure est stationnaire, marquons n_0 au point c du tube où il arrive. Plongeons-le ensuite dans la vapeur d'eau bouillante sous la pression d'une atmosphère et lorsque le niveau du mercure est stationnaire, marquons n_1 au point d du tube où il se trouve. Divisons l'intervalle cd en $n_1 - n_0 = n$ parties d'égale capacité et portons des divisions égales au-dessus de d jusqu'au sommet du tube et au-dessous de c jusqu'à la naissance du réservoir.

Lorsque le niveau du mercure dans cet appareil placé dans un milieu quelconque, arrivera à la division marquée t, nous dirons que la température de ce milieu est de $n_0 + t$ degrés. Les nombres n_1 et n_0 sont absolument arbitraires, aussi diffèrent-ils sur les divers thermomètres employés couramment.

Les échelles thermométriques usitées actuellement sont (fig. 52):

1° C. — L'échelle centigrade : $n_0 = 0$, $n_1 = 100$
2° R. — L'échelle Réaumur : $n_0 = 0$, $n_1 = 80$
3° F. — L'échelle Fahrenheit : $n_0 = 32$, $n_1 = 212$.

Il faut pouvoir passer facilement d'une température indiquée par un thermomètre à la même température indiquée par un autre.

Pour cela, imaginons deux échelles thermométriques A et A' caractérisées la première par les nombres n_0 et n_1, la seconde par n'_0, n'_1 et cherchons la relation entre les nombres t et t' qui, sur chacune d'elles, indiquent la même température. Si nous admettons, ce que nous verrons plus loin, que les accroissements de volume du mercure sont proportionnels aux accroissements

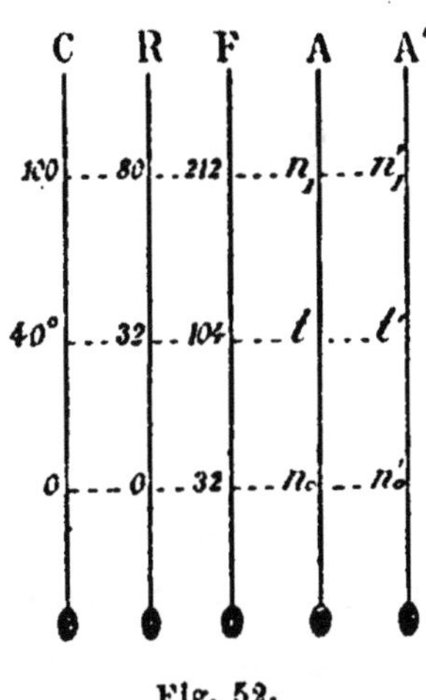

Fig. 52.

de température comptés sur chaque thermomètre, on aura :

$$\frac{t - n_0}{n_1 - n_0} = \frac{t' - n_0'}{n_1' - n_0'}, \qquad (1)$$

équation qui permet de calculer t ou t' suivant qu'on connaît t' ou t.

Appliquons aux échelles définies précédemment, soit une température de 40° C. à convertir en degrés Réaumur et en degrés centigrades.

L'équation (1) appliquée aux thermomètres centigrade et Réaumur donne :

$$n_1 = 100, \quad n_0 = 0, \quad t = 40, \quad n_0' = 0, \quad n_1' = 80,$$

$$\frac{40 - 0}{100 - 0} = \frac{t' - 0}{80 - 0} \text{ d'où } t' = 32.$$

Appliquée aux échelles centigrades et Fahrenheit :

$$n_1 = 100, \quad n_0 = 0, \quad t = 40, \quad n_0' = 32, \quad n_1' = 212,$$

$$\frac{40 - 0}{100 - 0} = \frac{t' - 32}{212 - 32} \text{ d'où } t' = 104.$$

Appliquée, comme vérification aux échelles Réaumur et Fahrenheit, on a :

$$n_1 = 80, \quad n_0 = 0, \quad t = 32, \quad n_0' = 32, \quad n_1' = 212,$$

$$\frac{32 - 0}{80 - 0} = \frac{t' - 32}{212 - 32} \text{ d'où } t' = 104.$$

60. Thermomètres divers. — Les thermomètres à mercure permettent de mesurer des températures comprises entre 40 degrés au-dessous de zéro et 360 degrés centigrades, parce que ce sont les températures de congélation et d'ébullition de ce liquide. Lorsqu'on veut évaluer des températures inférieures, on emploie le thermomètre à alcool, mais il ne peut servir que jusqu'à 70 degrés centigrades environ. On peut avoir recours, pour toutes les températures que l'on sait actuellement produire, aux thermomètres métalliques ou mieux, comme nous le verrons plus loin, aux thermomètres à gaz.

Dilatations des solides et des liquides.

61. Dilatation des solides. — Pour les corps solides, il y a lieu de distinguer les dilatations en longueur ou linéaire, en surface ou superficielle, en volume ou cubique. Nous appellerons coefficients de dilatation linéaire λ, superficielle σ, cubique K la fraction de la longueur, de la surface, du volume dont cette longueur, cette surface, ce volume s'accroît pour une élévation de température d'un degré centigrade. Ces fractions sont toujours très petites et ne dépassent pas 0,0001.

Dans la pratique, on peut admettre que le coefficient de dilatation superficielle d'un corps homogène est le double et le coefficient de dilatation cubique le triple du coefficient de dilatation linéaire, de sorte qu'il suffit de mesurer l'un des trois coefficients de dilatation d'un corps pour connaître avec une approximation suffisante les deux autres. Pour démontrer ces faits remarquons qu'une longueur l, une surface S, un volume V d'un corps mesuré à $0°$ C. prendront, en vertu des définitions précédentes, la longueur $l + l\delta$, la surface $S + S\sigma$, le volume $V + VK$ si on les porte à la température de un degré C. Supposons que la longueur l soit prise dans la surface S et aussi dans le volume V ; la nouvelle surface $S + S\sigma$ est semblable à l'ancienne S, le nouveau volume $V + VK$ est semblable à l'ancien V, si le corps est homogène, c'est-à-dire se dilate de la même manière dans tous les sens. Or, deux surfaces semblables sont entre elles comme les carrés des lignes homologues et deux volumes semblables sont entre eux comme des cubes des lignes homologues, on a donc :

$$\frac{S + S}{S} = \frac{(l + l\lambda)^2}{l^2}, \qquad \frac{V + VK}{V} = \frac{(l + l\lambda)^3}{l^3}$$

ou :

$$1 + \sigma = (1 + \lambda)^2 \quad \text{et} \quad 1 + K = (1 + \lambda)^3.$$

Si on remarque que λ est une fraction très petite et qu'on peut largement, dans la pratique, négliger son carré et *à fortiori* son cube, on aura :

$$\sigma = 2\lambda, \quad K = 3\lambda. \tag{1}$$

62. Formules de dilatations. — Nous admettrons comme résultat d'expérience que l'allongement d'un corps est proportionnel à l'élévation de température. En réalité, les corps s'allongent de plus en plus pour une même élévation de température à mesure qu'on part d'une température plus élevée, mais l'hypothèse faite ne s'écarte pas assez de la vérité pour amener dans la pratique des erreurs qui ne soient pas négligeables. Nous appellerons d'une manière générale l_t, S_t, V_t, D_t la longueur, la surface, le volume, la densité d'un corps, ces grandeurs étant mesurées à t degrés centigrades.

La longueur d'un corps à 0_0 étant l_0, les allongements qu'il subit pour une élévation de 1, 2, 3... t degrés seront :

$$l_0 + l_0\lambda, \quad l_0 + 2l_0\lambda, \quad l_0 + 3l_0\lambda... \quad l_0 + t_0l\lambda.$$

de sorte qu'on aura d'une manière générale :

$$l_t = l_0(1 + \lambda t), \quad l_{t'} = l_0(1 + \lambda t') \tag{1}$$

et
$$\frac{l_t}{l_{t'}} = \frac{1 + \lambda t}{1 + \lambda t'} = 1 - \lambda(t_1 - t) \text{ si } \lambda \text{ est très petit} \tag{2}$$

Des raisonnements identiques faits sur les surfaces et les volumes donneront les équations :

$$S_t = S_0(1 + \sigma t) \quad \frac{S_t}{S_{t'}} = \frac{1 + \sigma t}{1 + \sigma t'}. \tag{3}$$

$$V_t = V_0(1 + K t), \quad \frac{V_t}{V_{t'}} = \frac{1 + K t}{1 + K t'} = 1 - K(t' - t) \text{ si } K \text{ est très petit} \tag{4}$$

Les quantités $1 + \lambda t$, $1 + \sigma t$, $1 + Kt$ s'appellent les binômes de dilatation linéaire, superficiel, cubique. On peut donc dire que les longueurs, les surfaces, les volumes d'un corps sont proportionnels aux binômes de dilatation correspondants.

On a à une température quelconque t (Éq. 8, § 14) :

$$P = V_t D_t. \qquad (5)$$

Le poids d'un corps ne change pas avec la température, le produit $V_t\,D_t$ est constant, c'est-à-dire que la densité d'un corps est en raison inverse des volumes qu'il prend ou en raison inverse des binômes de dilatation.

$$\frac{D_t}{D_{t'}} = \frac{1 + Kt'}{1 + Kt} = 1 + K\,(t' - t) \text{ si } K \text{ est très petit.} \qquad (6)$$

63. Principe de la mesure du coefficient de dilatation linéaire.

— Mesurer 1° l'allongement $l_0 \lambda t$ d'une tige taillée dans la matière à étudier ; 2° la longueur l_0 à la tem-

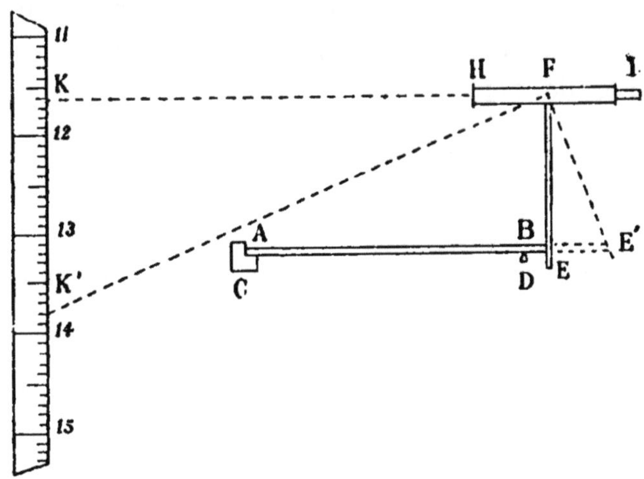

Fig. 53.

pérature de la glace fondante ; 3° la température t. On obtiendra λ en divisant $l_0 \lambda t$ par l_0 et par t. Il y a donc trois mesures à prendre ; parmi elles, il y en a une très petite, $l_0\lambda t$ pour laquelle on a recours à l'artifice expérimental suivant (fig. 53). La tige AB dont il s'agit de mesurer le coefficient de dilatation λ est posée au fond d'une cuve rectangulaire et s'appuie d'une part sur un support c qui fixe la position de son extrémité A, et d'autre part sur un deuxième support D qui ne gêne en rien sa dilatation. L'extrémité B touche un levier EF mobile autour du point F. Une lunette III est fixée à ce levier et peut se mouvoir avec lui en lui restant perpendiculaire. La cuve est remplie de glace fondante, on regarde à travers la lunette quelle est la division n d'une règle verticale divisée, située à une grande distance FK, qui coïncide avec des fils croisés (réticule) placés dans la lunette et qu'on aperçoit simultanément. Cette division et le centre du réticule fixent la position KF. On remplace alors la glace fondante par de l'huile que l'on chauffe. En se dilatant, la barre AB prend l'allongement BE', le levier EF prend la position E'F et la droite KF la position FK', de sorte qu'on aperçoit dans la lunette une nouvelle division n'. Les triangles semblables BE'F, FKK' donnent :

$$BE' = \frac{BF}{KF} \times KK'.$$

On connaît à l'avance $\frac{BF}{KF}$, KK' est donné par la différence $n' - n$ des nombres marqués sur les divisions de la règle, $BE' = l_0\lambda t$, t est connu par des thermomètres placés dans la cuve. On a :

$$l_0\lambda t = \frac{BF}{KF}(n' - n) \quad \text{ou} \quad \lambda = \frac{BF}{KF} \times \frac{n' - n}{l_0 t}.$$

λ étant connu, on peut en déduire les coefficients σ et K (§ 61) ;

nous verrons, du reste, plus loin, un moyen de mesurer directement le coefficient de dilatation cubique K (§ 69).

64. Dilatation des liquides. — Pour les liquides, les lois et les formules de dilatation sont les mêmes que pour les solides. Les formules du § 62 sont donc applicables à ces corps. Il y a lieu cependant de remarquer qu'on ne peut jamais observer directement la dilatation du liquide, sans que dans ce phénomène intervienne pour le modifier la dilatation du vase qui contient le liquide et qui est toujours à la même température que lui. Le coefficient K des formules du § 62 est le coefficient de dilatation absolue du liquide, c'est-à-dire indépendant de la matière dont est fait le récipient qui le contient. L'observation directe ne donne que la dilatation apparente du liquide dans ce vase, mais il y a entre cette dilatation apparente, la dilatation absolue du liquide et celle du vase une relation simple qui permet de calculer l'une d'entre elles quand on connaît les deux autres.

Considérons un liquide, placé dans un ballon (fig. 54) surmonté d'un col étroit divisé en parties d'égales capacités, et remplissant ce vase jusqu'à la division n, le tout à la température t. Portons l'appareil à $t + 1$ degrés ; nous constatons que, le vase se dilatant le premier, le niveau du liquide baisse en n_1 ; puis, après s'être échauffé à $t + 1$ degrés, remonte jusqu'en n'. Nous admettrons que ab est la dilatation du vase, ac la dilatation apparente du liquide et bc sa dilatation absolue. On voit facilement que cette dernière est la somme des deux premières, c'est-à-dire que le coefficient de

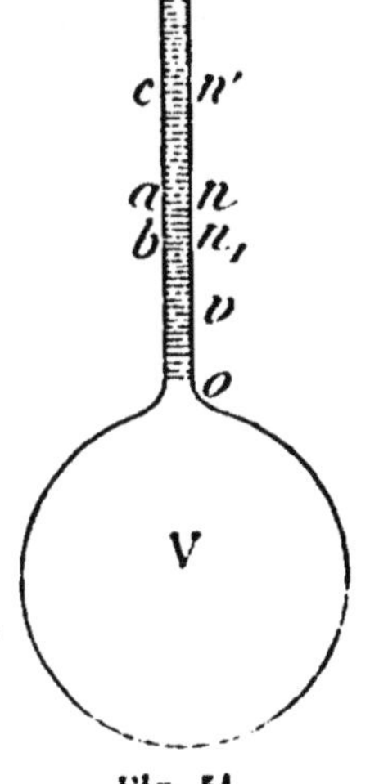

Fig. 54.

dilatation apparente peut être défini comme la différence entre le coefficient de dilatation absolue du liquide et le coefficient de dilatation du vase.

65. Principe de la mesure du coefficient de dilatation absolue des liquides.

— On observera la dilatation apparente du liquide dans un vase dont on connaîtra à l'avance la dilatation. En vertu de l'équation (1) du § précédent, la somme de ces deux dilatations sera la dilatation cherchée.

Il faut donc connaître la dilatation du vase qui reçoit le liquide. Les vases sont en général en verre et les coefficients de dilatation du verre sont très variables d'un échantillon à un autre, de sorte qu'on ne peut avoir aucune confiance dans les nombres qu'on pourra trouver dans les tables et on ne pourra les appliquer avec sûreté au vase dont on sera appelé à se servir. Il faut donc déterminer le coefficient K_1 de dilatation du vase lui-même. Pour cela on mesurera la dilatation apparente K' d'un liquide de dilatation absolue K connue. C'est une des raisons pour lesquelles on a déterminé une fois pour toutes et avec grand soin la valeur de K pour le mercure qui est un liquide qu'on peut se procurer toujours identique; mais pour ne pas faire de cercle vicieux il fallait procéder à cette mesure par une méthode indépendante de la précédente.

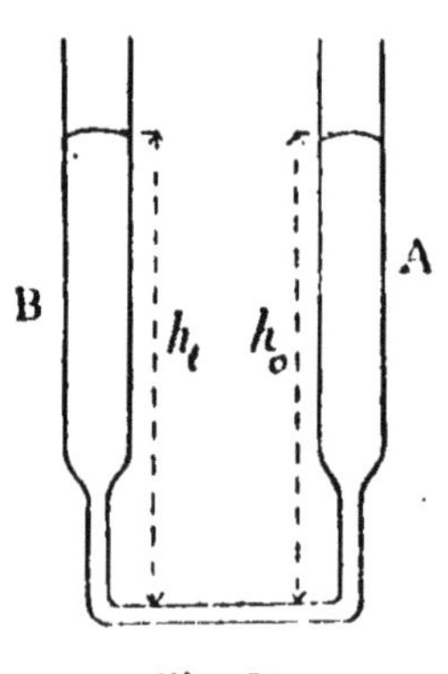

Fig. 55.

66. Dilatation du mercure.

— Deux tubes communiquants (fig. 55) contiennent du mercure. Le tube A est entouré de glace fondante à 0° et le tube B est entouré d'un bain d'huile porté à la température t. La densité du mercure en A est D_0 et en B elle est D_t. Les hauteurs h_0 et h_t des niveaux au-dessus du tube de communication placé horizontalement ne sont donc pas les mêmes et sont (§ 28) en raison inverse des densités. On a donc :

$$\frac{D_t}{D_0} = \frac{h_0}{h_t}$$

Mais l'équation (6) du § 62 donne :

$$\frac{D_t}{D_0} = \frac{1}{1 + Kt}$$

Donc :

$$\frac{h_0}{h_t} = \frac{1}{1 + Kt} \quad \text{d'où} \quad K = \frac{h_t - h_0}{h_0 t}.$$

La mesure de K se ramène donc à celles de deux hauteurs et d'une température.

La valeur moyenne de K est $\frac{1}{5\,550}$ ou $0{,}00018$.

67. Mesure du coefficient de dilatation absolu d'un liquide. — Le vase dont on se sert et qu'on appelle souvent pour une raison que nous verrons plus tard (§ 68) un thermomètre à poids a la forme représentée figure 56. Deux opérations sont nécessaires.

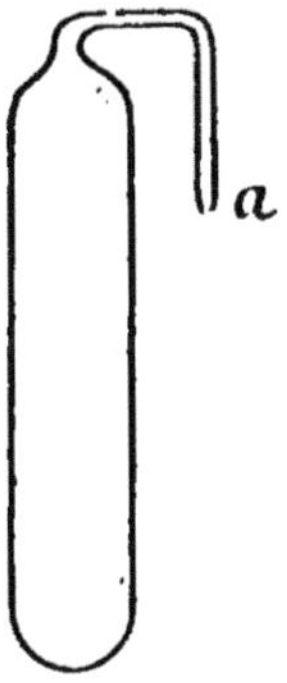

1re. — Remplir le tube de mercure à 0°. Pour cela, on le chauffe, on plonge sa pointe a dans une capsule contenant du mercure que la pression atmosphérique force à pénétrer dans l'intérieur. On fait bouillir pendant un instant le mercure introduit de manière à remplir l'appareil de vapeurs de mercure et on le laisse refroidir en maintenant a dans du mercure, et,

Fig. 56.

dans cette position, on le laisse refroidir jusqu'à 0° en l'entourant de glace fondante. Appelons P le poids du mercure introduit ainsi et D_0 sa densité à 0°. Le volume de ce mercure et par suite de l'appareil à 0° est (Éq. 8. § 14) : $\frac{P}{D_0}$.

Portons l'appareil à une température connue t et recueillons le poids p de mercure qui est sorti pendant cette opération.

La dilatation absolue du mercure de 0° à $t°$, K étant son coefficient de dilatation absolue, est $\frac{P}{D_0}$ Kt, sa dilatation apparente est le volume du poids sorti p mesuré à $t°$ ou $\frac{p}{D_0}$ $(1+Kt)$, la dilatation du vase $\frac{P}{D_0}$ K't, K' étant son coefficient de dilatation ; la première de ces expressions égale la somme des deux autres (§ 64) donc :

$$PKt = p(1 + Kt) + PK't \qquad (1)$$

équation qui permet de calculer le coefficient K' de dilatation du vase, puisqu'on sait que K $= 0,00018$ et que les autres grandeurs qui entrent dans cette égalité sont données par l'expérience.

2°. -- On videra le tube et on recommencera la même série d'opérations avec le liquide dont on veut avoir le coefficient x de dilatation absolue. Désignons par P_1, t_1, p_1 les quantités analogues à celles que nous avons désignés par P, t, p, le même raisonnement nous permettra de poser

$$P_1 x t_1 = p_1 (1 + x t_1) + P_1 K' t_1 \qquad (2)$$

équation qui permettra de calculer x puisque toutes les autres quantités qu'elle contient sont données, soit par la première, soit par la seconde des opérations faites.

68. Thermomètre à poids. — Si on a déterminé à l'avance le coefficient de dilatation du vase précédent, du mercure ou d'un liquide quelconque, on pourra prendre t pour inconnue dans l'une des deux équations du § précédent et, par suite, se servir de cet appareil pour mesurer une température. De là son nom de thermomètre à poids.

69. Mesure directe du coefficient de dilatation cubique d'un solide. — Mettons un poids π du corps à étudier dont la densité est d_0 à 0° dans un tube de verre fermé par un bout et effilons l'autre bout à la lampe de manière à donner à l'ensemble la forme de la figure 56. Nous nous servirons de cet appareil comme d'un thermomètre à poids. Conservons les notations précédentes, la dilatation absolue des corps placés à l'intérieur de l'appareil est $\dfrac{P}{D_0}Kt + \dfrac{\pi}{d_0}xt$, la dilatation du vase est $\left(\dfrac{P}{D_0} + \dfrac{\pi}{d_0}\right)K't$, la dilatation apparente du mercure est $\dfrac{p}{D_0}(1 + Kt)$, on peut donc poser en employant toujours le même mode de raisonnement :

$$\frac{P}{D_0}Kt + \frac{\pi}{d_0}xt = \left(\frac{P}{D_0} + \frac{\pi}{d_0}\right)K't + \frac{p}{d_0}(1 + Kt) \qquad (1)$$

équation qui permet de déterminer x. Pour connaître K' il suffira de répéter cette expérience en recommençant l'expérience après avoir remplacé le corps π par un morceau du verre qui forme le tube.

70. Remarques sur la dilatation de l'eau. — Dans sa dilatation l'eau présente certaines anomalies qu'il est bon d'indiquer à cause de la profusion de ce liquide et aussi à cause des conséquences qu'on peut en tirer relativement à certains phénomènes naturels.

Lorsqu'on porte de l'eau de 0° à 4°, elle se contracte, sa densité augmente et arrive à une valeur maxima à 4 degrés.

A partir de cette température, l'eau se dilate si on la chauffe, elle reprend le volume qu'elle avait à 0° entre 7 et 8 degrés.

Cette propriété explique pourquoi l'eau des lacs peut rester dans le fond à la température de 4°, alors que la surface est glacée même sous une assez grande épaisseur. Ce fait rend possible par les fortes gelées l'existence des plantes et des animaux aquatiques.

On ne peut fixer par la même considération la température du fond des mers, parce que l'eau de mer a bien un maximum de densité, mais il est à une température au-dessous de sa température de congélation ordinaire.

71. Applications des notions précédentes. — I. *Pendule.* — Nous avons vu (§ 18) que la durée d'oscillation d'un pendule simple est donnée par la formule :

$$t = \pi \sqrt{\frac{l}{g}}.$$

D'un autre côté, l'emploi de cet appareil à la régularisation des horloges (§ 21) exige que ses oscillations soient isochrones. Pour que cette condition soit réalisée, il faut que la longueur du pendule reste invariable en tous temps. Or la tige qui supporte le corps oscillant, si elle est simple, sera plus longue en été qu'en hiver. La marche de l'horloge sera plus lente en été qu'en hiver. Pour obvier à cet inconvénient on a imaginé les pendules compensés dont le plus répandu est représenté par la figure 57. Proposons-nous de rendre la distance $l = 00'$ du centre de suspension du pendule au centre du poids oscillant indépendant de la température. Le problème sera résolu approximativement parce que les lois d'oscillations de ce pendule ne sont pas celles du pendule simple, mais nous aurons compris la possibilité d'une solution. Les traits forts de la figure représentent des tiges de fer, les traits fins des tiges de laiton. En suivant les sinuosités de l'un des côtés de cet appareil pour aller de 0 en $0'$, on a : $l = or + ab - de + Km - np + qo'$ ou en adoptant les notations de la figure où les lettres f désignent les longueurs de fer et les lettres c celles du laiton :

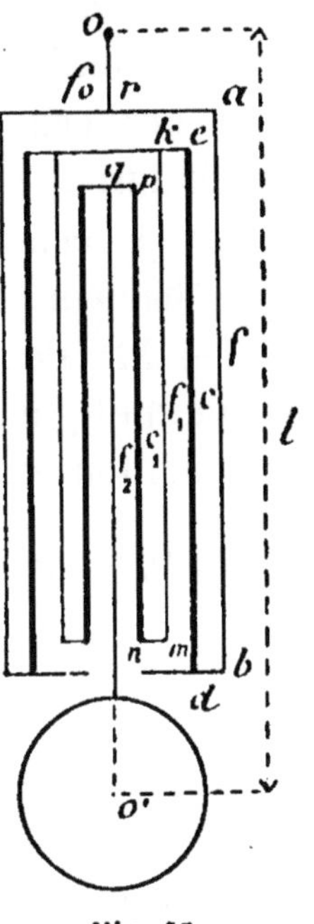

Fig. 57.

$$l = f_0 + f - c + f_1 - c_1 + f_2 = f_0 + f + f_1 + f_2 - (c + c_1).$$

Si ces longueurs sont prises à $0°$, et si nous désignons par λ et λ' les coefficients de dilatation du fer et du laiton, la longueur l deviendra $t°$.

$$l_t = (f_0 + f + f_1 + f_2)(1 + \lambda t) - c(+ c_1)(1 + \lambda' t).$$

cette longueur sera indépendante de la température si $(f_0 + f + f_1 + f_2) \lambda = (c + c_1) \lambda'$. Or, pour le fer et le laiton $\dfrac{\lambda}{\lambda'} = \dfrac{2}{3}$, la condition de compensation sera donc :

$$(f_0 + f + f_1 + f_2) 2 = (c + c_1) 3,$$

et on aura :

$$l = \frac{1}{3}(f_0 + f + f_1 + f_2) = \frac{1}{2}(c + c_1).$$

II. *Corrections barométriques.* — La pression atmosphérique sur une surface déterminée se calcule (§ 36) en évaluant le poids d'une colonne de mercure ayant pour base la surface et pour hauteur celle de la colonne barométrique. Supposons que nous ayons lu sur l'échelle, divisée en centimètres, d'un baromètre le nombre H. Ce nombre ne représente des centimètres que si cette règle est à 0°C. A la température t, chaque division de la règle vaut $1 + \lambda t$ centimètres (λ coefficient de dilatation linéaire de la règle). La vraie hauteur barométrique sera donc en centimètres : H ($1 + \lambda t$). Pour avoir la pression sur l'unité de surface il faudra multiplier cette hauteur par la densité du mercure dans les conditions où il se trouve, c'est-à-dire par la densité D, à $t°$. Or, $D_t = \dfrac{D_0}{1 + Kt}$, la pression cherchée sera donc :

$$D_0 H_t = H \frac{1 + \lambda t}{1 + Kt} D_0$$

en désignant par H_t la hauteur qu'indiquerait le baromètre s'il était au même instant à 0°. H_t est la hauteur ramenée à 0°, c'est la seule importante à connaître.

On a donc :

$$H_t = H \frac{1 + \lambda t}{1 + Kt} . \qquad\qquad (1)$$

On peut, sans commettre d'erreur appréciable, remplacer la fraction $\dfrac{1 + \lambda t}{1 + Kt}$, ennuyeuse à calculer, par les deux premiers termes du quotient de la division qu'elle indique et écrire :

$$H_t = H\big[1 + (\lambda - K) t\big] = H\big[1 - (K - \lambda) t\big]. \qquad (2)$$

Pour simplifier encore les calculs de correction, posons $H = 76 \mp h$, l'équation (2) peut s'écrire :

$$H_t = H - 76\,(K - \lambda)\,t \mp (K - \lambda)\,ht. \qquad (3)$$

Il arrivera fréquemment que le troisième terme du second membre n'altérera pas la dernière des décimales que l'on veut conserver. Si on veut observer au dixième de millimètre, on sera en droit de négliger ce terme si $(K - \lambda)\, ht < \dfrac{1}{100}$.

Étant donné un baromètre, on pourra du reste calculer à l'avance les coefficients de cette équation.

Ainsi supposons l'échelle du baromètre en laiton, on a : $\lambda = 0,0000188$ et $K = 0,00018$ et :

$$H_1 = H - 0,012251\,2t \mp 0,000162\,ht. \qquad (4)$$

Comme h est généralement inférieur à 4, si on observe au dixième de millimètre, on pourra négliger le dernier terme, si t est inférieur à 14° et même dans ce dernier cas écrire :

$$H_1 = H - 0,0122t. \qquad (5)$$

Dilatation des gaz.

72. Dilatation des gaz. — Les gaz se dilatent beaucoup plus que les corps solides et liquides. Il résulte de la détermination du coefficient de dilatation des gaz par des méthodes dont nous indiquerons plus loin les principes que l'on peut admettre dans la pratique que le coefficient est non seulement constant pour un même gaz, mais encore qu'il a la même valeur pour tous les gaz qui obéissent à la loi de Mariotte, c'est-à-dire qui sont dans des conditions assez éloignées de celles dans lesquelles ils se liquéfient. Sa valeur est $\dfrac{1}{273}$ ou $0,00366 = \alpha$.

Le problème le plus général sur la dilatation des gaz consiste à trouver une relation entre le volume V, la pression P, la température t et la densité δ d'un poids π donné de gaz, de sorte que, si l'on donne toutes ces quantités moins une, il soit possible de calculer cette dernière. Portons ce gaz à la pression P', à la température t', il occupera un certain volume V'. Portons d'abord le gaz sans changer sa température t à la pression P', et appelons V" le volume que prend le gaz. Rassemblant ces données, nous formerons le tableau suivant :

$$
\begin{aligned}
&\text{État primitif du gaz.} \ldots \ldots \quad &&\text{V,} \quad &&\text{P,} \quad &&t\\
&\text{État intermédiaire du gaz} \ldots \ldots \quad &&\text{V",} \quad &&\text{P',} \quad &&t\\
&\text{État final du gaz} \ldots \ldots \ldots \quad &&\text{V',} \quad &&\text{P'} \quad &&t'
\end{aligned}
$$

L'équation de Mariotte (§ 41, III, Éq. 1) est applicable à V et V" et donne :

$$ VP = V''P' $$

L'équation (4) du § 62 est applicable à V" et V' et donne :

$$ \frac{V''}{V'} = \frac{1 + \dfrac{1}{273} \times t}{1 + \dfrac{1}{273} \times t'} = \frac{273 + t}{273 + t'} = \frac{1 + \alpha t}{1 + \alpha t'} $$

L'équation résultant de l'élimination de V" entre les deux dernières égalités peut s'écrire :

$$ \frac{VP}{273 + t} = \frac{V'P'}{273 + t'} \qquad \text{ou} \qquad \frac{VP}{1 + \alpha t} = \frac{V'P'}{1 + \alpha t'} \qquad (1) $$

Pour un poids donné de gaz, la fraction $\dfrac{VP}{273 + t}$ a donc une valeur numérique constante qu'il s'agit de calculer. Si ce gaz, soumis à la pression d'une atmosphère P_0 et à 0°C, occupe un volume V_0, on aura :

$$\frac{VP}{273 + t} = \frac{V_0 P_0}{273} \qquad \text{ou} \qquad \frac{VP}{1 + \alpha t} = V_0 P_0 \qquad (2)$$

Le paragraphe 43 donne les diverses valeurs numériques que prend le produit $P_0 V_0$ suivant les unités adoptées. Il suffira donc pour avoir la constante cherchée, de diviser ces valeurs par 273. On obtient ainsi, en se rappelant que l'unité de volume est le mètre cube, l'unité de poids le kilogramme, que δ est la densité du gaz donnée dans les tables à 0° et à la pression d'une atmosphère :

$$\frac{PV}{273 + t} = 0,00283 \frac{\pi}{\delta}, \text{ pression estimée en atmosphères;} \qquad (3)$$

$$\frac{PV}{273 + t} = 0,215 \frac{\pi}{\delta}, \begin{array}{l} \text{pression estimée en centim. de} \\ \text{mercure;} \end{array} \qquad (4)$$

$$\frac{PV}{273 + t} = 29,28 \frac{\pi}{\delta}, \begin{array}{l} \text{pression estimée en kilogrammes} \\ \text{par mètre carré.} \end{array} \qquad (5)$$

La densité δ_{Pt} d'un gaz à la pression P et à la température t a été définie au § 42 et nous avons vu qu'elle différait de la densité donnée dans les tables ou densité tabulaire δ, mais qu'elle pouvait s'en déduire. Si V et V' sont les volumes d'un même poids de gaz, d'abord à la pression P et à la température t, puis à la pression P' et à la température t', on a facilement :

$$V\delta_{Pt} = V'\delta_{P't'}.$$

De cette égalité et de l'équation (1) on tire :

$$\frac{P}{(273 + t)\delta_{Pt}} = \frac{P'}{(273 + t')\delta_{P't'}} = \frac{P_0}{273 \times \delta}. \qquad (6)$$

On calculera la valeur numérique de la constante $\dfrac{P_0}{273}$ suivant l'unité de pression adoptée en divisant P_0 par 273. On obtient ainsi :

$$\frac{P}{(273+t)\delta_{P_t}} = \frac{0,00366}{\delta}. \quad \text{Pression en atmosphères;} \quad (7)$$

$$\frac{P}{(273+t)\delta_{P_t}} = \frac{0,2784}{\delta}. \quad \text{Pression en centim. de mercure;} \quad (8)$$

$$\frac{P}{(273+t)\delta_{P_t}} = \frac{37,86}{\delta}. \quad \text{Pression en kilogrammes par mètre carré.} \quad (9)$$

Remarque. — L'une des équations (3), (4), (5), la seconde par exemple, donne pour les poids π_g et π_a des mêmes volumes d'un gaz de densité tabulaire δ et d'air, tous les deux à la pression P et à la température t :

$$\pi_g = \frac{PV\delta}{0,215(273+t)}$$

$$\pi_a = \frac{PV \times 1}{0,215(273+t)},$$

d'où :

$$\frac{\pi_g}{\pi_a} = \delta.$$

La densité tabulaire d'un gaz (définie § 42) est donc aussi le rapport des poids de volumes égaux du gaz et d'air pris à même température et à la même pression, quelles que soient du reste cette température et cette pression.

73. Généralisation de la loi du mélange des gaz. (§ 45). Nous avons implicitement supposé au § 45 que tous les gaz mélangés étaient et restaient à la température de 0°C. Nous pouvons maintenant résoudre le problème du mélange des gaz dans toute sa généralité : dans un récipient V, on met des gaz dont les volumes mesurés aux pressions p, p', p''...

et aux températures t, t', t''... sont v, v', v''... On les maintient à la température T, on demande la pression P.

Appelons x, y, z... les pressions exercées individuellement par chaque gaz, on a d'abord :

$$P = x + y + z + \ldots \qquad (1)$$

Appliquons l'équation (1) du § précédent à chaque gaz, on a :

$$\frac{vp}{273 + t} = \frac{Vx}{273 + T}, \qquad \frac{v'p'}{273 + t'} = \frac{Vy}{273 + T},$$

$$\frac{v''p''}{273 + t''} = \frac{Vz}{273 + T} \ldots \qquad (2)$$

Ajoutant les équations (2) en tenant compte de (1), il vient :

$$\frac{VP}{273 + T} = \frac{vp}{273 + t} + \frac{v'p'}{273 + t'} + \frac{v''p''}{273 + t''} \ldots \qquad (3)$$

74. Méthodes employées pour déterminer le coefficient de dilatation des gaz. — Nous ferons usage de l'équation (4) du § 72, mais nous remarquerons que nous devons la modifier puisque les nombres qu'elle contient sont calculés en admettant que le coefficient que nous cherchons est mesuré et égal à $\frac{1}{273}$. Remplaçons ce nombre par α qui sera notre inconnue dans ce qui va suivre, elle devient :

$$\frac{PV}{1 + \alpha t} = 58,7 \frac{\pi}{\delta_0}. \qquad (1)$$

Le poids en grammes π de V litres d'un gaz de densité δ_0 sous la pression P centimètres de mercure à t degrés centigrades est donc :

$$\pi = \frac{\delta_0}{58,7} \times \frac{PV}{1 + \alpha t}. \qquad (2)$$

Un ballon A (fig. 58) communique d'une part avec un appareil manométrique BC, et d'autre part, par un tube D avec un appareil fournissant le gaz à étudier. On entoure le ballon de glace fondante, on le remplit de gaz jusqu'au repère a, à la pression atmosphérique, ce qui est indiqué par l'égalité de niveau du mercure dans les deux branches B et C, et on soude le tube D à la lampe. Ces branches communiquent par un robinet à trois voies dont la section est représentée en 1 et 2 et qui se trouve actuellement dans la position 1.

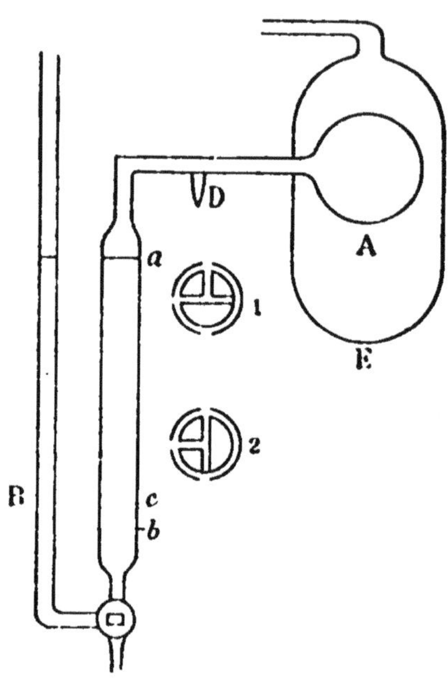

Fig. 58.

Appelons V et v les volumes à 0° du ballon et des tubes qui, en dehors du récipient E, le font communiquer avec le manomètre jusqu'au repère a. On a donc : 1° un volume V de gaz à 0° et à la pression atmosphérique P dont le poids est (Éq. 2) $\dfrac{\delta_0}{58,7} \times PV$; 2° un volume $v\,(1 + Kt)$ (K coefficient de dilatation du verre à la pression P et à la température t du laboratoire) et dont le poids est $\dfrac{\delta_0}{58,7} \times \dfrac{Pv\,(1 + Kt)}{1 + \alpha t}$. Tout le gaz enfermé dans l'appareil a donc pour poids :

$$\pi = \frac{\delta_0 P}{58,7} \left[V + \frac{v\,(1 + kt)}{1 + \alpha t} \right]. \tag{3}$$

On remplace la glace par de l'eau que l'on chauffe à une

température T, le gaz se dilate, refoule le mercure au-dessous de a. En mettant le robinet à trois voies dans la position (2), le mercure s'écoule des deux branches B et C et finit par y prendre le même niveau. Le gaz est donc à la pression atmosphérique que nous appellerons P′, car elle peut différer de P. A ce moment, le gaz occupe : 1° dans le ballon un volume V $(1 + KT)$ à la température T et à la pression P′, cette partie pèse (Éq. 2) $\dfrac{\delta_0 P'}{58,7} \times \dfrac{V(1 + KT)}{1 + \alpha T}$; 2° dans les tubes jusqu'en a un volume $v\,(1 + Kt')$ (t' étant la température du laboratoire qui peut ne plus être égale à t) à la pression P′ et à la température t', cette partie pèse $\dfrac{\delta_0 P'}{58,7} \times \dfrac{v(1 + Kt')}{1 + \alpha t'}$; 3° entre a et b un volume qui serait u à 0° et qui est $u\,(1 + Kt'')$ (t'' étant la température de ab qui peut différer de t') à la pression P′ et à la température t'', cette partie pèse $\dfrac{\delta_0 P'}{58,7} \cdot \dfrac{u(1 + Kt'')}{1 + \alpha t''}$.

Le poids total du gaz est donc :

$$\frac{\delta_0 P'}{58,7}\left[\frac{V(1 + KT)}{1 + \alpha T} + \frac{v(1 + Kt')}{1 + \alpha t'} + \frac{u(1 + Kt'')}{1 + \alpha t''}\right]$$

Le poids n'ayant pas changé, cette expression est égale à celle de π donnée par l'équation (3).

On a donc en définitive l'équation :

$$P\left[V + \frac{v(1 + Kt)}{1 + \alpha t}\right] = P'\left[V\frac{1 + KT}{1 + \alpha T} + v\frac{1 + Kt'}{1 + \alpha t'} + u\frac{1 + Kt''}{1 + \alpha t''}\right] \quad (4)$$

Les volumes V, v, u sont connus en pesant le mercure qui les remplit à 0°.

Cette équation est du 4° degré en α. Comme les termes qui contiennent v et u sont petits par rapport à ceux qui contiennent V, on y remplace α par la valeur approchée de α, 0,00375 trouvée par les expériences plus anciennes de Gay-Lussac et on résoudra l'équation du 1er degré en α ainsi obtenue. On trouvera α_1. On remplacera dans les mêmes termes de l'équation (4) α par α_1, on résoudra de nouveau et on recommencera jusqu'à ce que deux valeurs successives ne diffèrent pas de la décimale que l'on veut conserver.

75. Principe de la méthode de Regnault pour mesurer la densité des gaz. — Nous avons défini la densité d'un gaz (§ 42) le rapport du poids d'un volume du gaz au poids du même volume d'air, les deux étant pris à 0° et à la pression d'une atmosphère. Il est clair que si le gaz se comprime comme l'air et a le même coefficient de dilatation, on peut encore dire que la densité d'un gaz est le rapport du poids d'un certain volume de gaz au poids du même volume d'air pris à la même température et à la même pression, sans qu'il soit besoin de spécifier cette température et cette pression.

Regnault pesait : 1° le gaz remplissant un ballon à 0° et à une atmosphère ; 2° l'air remplissant le même ballon dans les mêmes conditions, et divisait le premier poids par le second. Il est facile de remplir un ballon de gaz à 0°, il suffit pour cela de le maintenir assez longtemps plein de gaz dans la glace fondante ; mais il est difficile de le remplir exactement à la pression atmosphérique, et y réussirait-on, la machine pneumatique ne faisant pas le vide parfait, on n'aurait, par la pesée, que le poids du gaz remplissant le ballon à une pression égale à la pression atmosphérique diminuée de la pression qui reste. On remplit le ballon du gaz à étudier à 0° et sous une pression P donnée par un manomètre, on le laisse revenir à la température ordinaire et on le suspend sous le plateau d'une balance. On équilibre en prenant une tare constituée par un ballon de même volume avec adjonction, s'il en est besoin, de fragments du même verre. Cette précaution a pour but de rendre égales des deux côtés de la balance les poussées que l'air environnant fait éprouver aux corps suspendus et d'annuler ainsi les effets des variations de ces poussées ; les erreurs provenant de ces variations, étant de même ordre de grandeur que les poids cherchés, seraient graves. On s'assure que l'équilibre obtenu persiste plusieurs heures. Cela fait, on fait le vide dans le ballon, il y reste une pression p, on le reporte à la balance et on rétablit l'équilibre avec des poids marqués π'. π' est le poids du gaz qui remplissait le ballon sous la pression $P - p$ et à 0°. Le poids π qui le remplissait à 0° sous la pression atmosphérique normale P_0 sera :

$$\pi = \frac{P_0}{P - p}\pi' \qquad (1)$$

La même série d'opérations exécutées avec de l'air sec et pur donne l'équation analogue :

$$\pi_1 = \frac{P_0}{P' - p'}\pi'' \qquad (2)$$

La densité cherchée est donc :

$$\delta_0 = \frac{\pi'}{\pi''} \times \frac{P' - p'}{P - p}.$$

76. Poids du litre d'air.

— Le poids π_1 d'air qui remplit le ballon à 0° et à une atmosphère étant connu, il suffit de jauger le volume du ballon pour avoir le poids du litre d'air. Cette opération se fait en pesant l'eau qui remplit à 0° le ballon et en divisant ce poids par le poids spécifique de l'eau à cette température. On trouve ainsi qu'un litre d'air à 0° et à une atmosphère pèse 1,293 grammes.

77. Applications. — I. *Corrections des pesées et des densités.* — Nous indiquerons ces corrections en prenant comme type la détermination de la densité d'un corps solide. Rappelons-nous que l'effort exercé par un corps sur le plateau d'une balance qui le soutient est égal, en vertu du principe d'Archimède appliqué aux liquides (§ 30) ou aux gaz (§ 35), au poids absolu du corps dans le vide diminué du poids du milieu qu'il déplace et qui a évidemment un volume égal au sien ; de sorte que, P étant le poids absolu d'un corps de densité D plongé dans un milieu de densité a, l'effort supporté par son soutien est :

$$P - \frac{P}{D} a = P \left(1 - \frac{a}{D} \right) = P \frac{D - a}{D}.$$

Reprenons les opérations indiquées au § 32 (I) :

Appelons P le poids absolu du corps, D sa densité, a celle de l'air par rapport à l'eau, Δ celle des poids marqués P′, e celle de l'eau. La même tare, plongée dans l'air, équilibre :

dans la 1re opération l'effort : $P \dfrac{D - a}{D}$ puisque le corps est dans l'air; dans la 2e opération : l'effort $P′ \dfrac{\Delta - a}{\Delta}$ puisque les poids sont marqués dans le vide et sont plongés dans l'air; dans la 3e opération : l'effort $P \dfrac{D - e}{D} + P″ \dfrac{\Delta - a}{\Delta}$ puisque le corps est plongé dans l'eau et les poids marqués dans l'air. Ces trois efforts sont égaux donc :

$$P \frac{D - a}{D} = P′ \frac{\Delta - a}{\Delta} = P \frac{D - e}{D} + P″ \frac{\Delta - a}{\Delta}.$$

Entre ces deux équations, on peut éliminer $\dfrac{\Delta - a}{\Delta}$, il vient :

$$\frac{D - a}{e - a} = \frac{P'}{P''}.$$

A la température t à laquelle on se trouve, e est donné par des tables, a est donné par l'application de l'équation (8) § 72 à ce cas particulier :

$$a = \frac{H \times 0,001293}{(273 + t)0,2784} = 0,0046444 \frac{H}{273 + t}.$$

H est la hauteur barométrique au moment de l'expérience. On aura la densité D du corps à $t°$.

Si on veut cette densité à 0°, on appliquera l'équation (6) du § 62 qui donne :

$$D_0 = D (1 + Kt)$$

II. *Exercices numériques.* — 1° Un vase de verre dont le coefficient de dilatation est 0,000029 contient 34 kilogrammes de mercure (densité 13,6) à 20°, il est porté à une température x, il sort 400 grammes de mercure dont le coefficient de dilatation est 0,00018. On demande son volume V_0 à 0° et la température x

Le volume V_{20} à 20° est donné par l'équation :

$$\frac{V_{20} \times 13,6}{1 + 0,00018 \times 20} = 34,$$

$$V_{20} = 2,509 \text{ décimètres cubes.}$$

Le volume V_0 est donné par l'équation :

$$V_0 = \frac{V_{20} = 2,509}{1 + 0,000029 \times 20} = 2,5075 \text{ décimètres cubes.}$$

Lorsqu'on le porte à 50°, la dilatation absolue est, en désignant par D la densité à 20° du mercure : $\dfrac{34}{D}\,0,00018\,(x-20)$,

la dilatation apparente est : $\dfrac{0,4}{D}\,[1+0,00018\,(x-20)]$, la

dilatation du vase est : $\dfrac{34}{D}\,0,000029\,(x-20)$. On a donc :

$$34\times 0,00018\,(x-20)=0,4\,[1+0,00018\,(x-20)]+34$$
$$\times 0,000029\,(x-20),$$
$$x=99°C.$$

2° *Thermomètre à air.* — Un tube de verre ouvert par un bout et rempli de mercure à 0° en contient un poids π. Ce tube plein d'air est mis dans une enceinte à une température x. Fermé, sorti de l'enceinte, il est porté sur une cuve à mercure verticalement, ouvert et ramené à 0°; le mercure monte dans son intérieur à une hauteur p' et ce mercure pèse π'. La pression atmosphérique est P centimètres dans la 1re partie de l'expérience et P' à la fin, le coefficient de dilatation du verre est K. On demande x.

Appelons D la densité du mercure à 0°. Dans la première partie de l'expérience, le tube contient son volume d'air $\dfrac{\pi}{D}\,(1+Kx)$ à la pression P et à la température x. Dans la seconde partie de l'expérience, le tube contient un volume $\dfrac{\pi-\pi'}{D}$ à la pression $P'-p'$ et à la température 0°.

Dans les deux cas c'est la même masse d'air, l'équation (1) du § 72 est applicable et donne :

$$\frac{\pi\,(1+Kx)\,P}{273+x}=\frac{(\pi-\pi')\,(P'-p')}{273};$$

$$x=273\,\frac{\pi P-(\pi-\pi')\,(P'-p')}{(\pi-\pi')\,(P'-p')-273\pi PK}.$$

Exemple numérique : $\pi = 350\,\text{gr.}$; $p' = 20\%_m$; $\pi' = 10\,\text{gr.}$; $P = 76\%_m$; $P' = 76\%_m$; $K = 0,00003$.

$$t = 273\,\frac{350 \times 76 - (350 - 10)(76 - 20)}{(350 - 10)(76 - 20) - 273 \times 350 \times 76 \times 0,0003} = 109°\text{C}.$$

3° Reprenons un exercice analogue à celui du § 46-1 en faisant intervenir la température. Soit un récipient de 10 litres maintenu à 30° dans lequel on met : 1° 5 litres d'acide carbonique mesurés à 15° et à 80 centimètres de pression, sa densité étant 1.53 ; 2° 6 litres d'azote mesurés à 20° sous la pression de 0,75 atmosphère, densité 0.972 ; 3° 2 grammes d'hydrogène, densité 0.0692. On demande la pression P et le poids total de ces gaz.

Remarquant que l'équation (4) du § 72 donne pour le volume de 2 grammes d'hydrogène à 0° et à 76 centimètres la valeur $\dfrac{0,215 \times 2 \times 273}{76 \times 0,0692}$, nous pouvons dresser le tableau suivant :

Acide carbonique. $\qquad v = 5^l$; $\quad p = 80\%_m$; $\quad t = 15°$.

Azote. $\qquad v' = 6^l$; $\quad p' = 0,75 \times 76 = 57\%_m$;
$$t' = 20°.$$

Hydrogène. $\qquad v'' = \dfrac{0,215 \times 2 \times 273}{76 \times 0,0692}$ litres,
$$p'' = 76\%_m ; \quad t'' = 0°.$$

et appliquer l'équation (3) du § 73 relative au mélange des gaz. Nous aurons :

$$\frac{5 \times 80}{273 + 15} + \frac{6 \times 57}{273 + 20} + \frac{0,215 \times 2}{0,0692} = \frac{10\,P}{273 + 30} ;$$
$$P = 265,72 \text{ centimètres.}$$
$$P = \frac{265,72}{76} = 3,5 \text{ atmosphères.}$$

La formule (4) du § 72 appliquée à chacun des gaz donne:

$$\text{Pour l'acide carbonique}: \pi_1 = \frac{5 \times 80 \times 1,53}{0,215\,(273 + 15)} = 9,88\ \text{gr.}$$

$$\text{Pour l'azote}: \pi_2 = \frac{6 \times 57 \times 0,972}{0,215\,(273 + 20)} = 3,73$$

$$\text{Le poids de l'hydrogène est} = 2,00$$

$$\text{Le poids total demandé est}\quad \pi = 15,61\ \text{gr.}$$

CALORIMÉTRIE.

78. But de la calorimétrie. — Sans rien préciser sur la nature de la chaleur, nous pouvons admettre qu'un phénomène qui a la chaleur pour cause unique nécessite toujours, pour être produit, la même quantité de chaleur; que deux phénomènes identiques nécessitent pour être produits une quantité de chaleur double de celle que nécessite chacun d'eux; que, par exemple, la quantité de chaleur nécessaire pour élever d'un degré la température de 2, 3,... π kilogrammes d'un corps est égale à 2, 3... π fois celle qui est nécessaire pour élever d'un degré la température d'un kilogramme de ce corps. Nous admettrons en outre qu'un phénomène qui produit de la chaleur en produit toujours la même quantité. Ainsi la quantité de chaleur donnée par un gramme de charbon en brûlant est toujours la même que ce charbon brûle lentement ou rapidement, et cependant la température de ce corps est moins élevée dans le premier cas que dans le second. Cet exemple montre que les expressions quantité de chaleur et température représentent des grandeurs de nature essentiellement différentes.

La calorimétrie a pour but la mesure des quantités de chaleur.

79. Calorie. — Nous prendrons comme terme de comparaison pour mesurer les quantités de chaleur celle qui est nécessaire pour produire un phénomène facile à reproduire toujours identique à lui-même : l'élévation d'un degré C, de la température de l'unité de poids de l'eau. Cette unité de quantité de chaleur s'appelle la calorie ; sa grandeur varie avec l'unité de poids choisie. Si cette unité de poids est le kilogramme, la chaleur unité s'appelle la grande calorie ou calorie-kilogramme ; si l'unité de poids est le gramme, elle devient la petite calorie ou calorie-gramme et est mille fois plus petite que la grande calorie. On pourrait réserver le nom de calorie à la petite calorie et appeler l'autre kilocalorie.

La quantité de chaleur abandonnée par un corps qui se refroidit d'un certain nombre de degrés est égale à celle qu'il faudrait au même poids de ce corps pour que sa température s'élève du même nombre de degrés. Comme l'expérience nous apprend que deux kilogrammes d'eau pris à des températures t et t' et mélangés prennent la température $\dfrac{t+t'}{2}$, nous en conclurons que la chaleur cédée par l'eau chaude égale celle gagnée par l'eau froide et que, par suite, la calorie a une valeur indépendante de la température initiale à laquelle l'eau est prise.

D'après ces définitions, il suffira de multiplier un poids d'eau π pris à $t°$ et porté à $\theta°$ par la différence $\theta - t$ pour avoir le nombre de calories Q nécessaires pour produire ce phénomène, on aura :

$$Q = \pi (\theta - t) \qquad\qquad (1)$$

Si $\theta > t$, le corps s'échauffe, on a dépensé Q calories, ce nombre est positif; si $\theta < t$, le corps se refroidit, il a abandonné Q calories, ce nombre est négatif.

80. Principe de la méthode de mesure des quantités de chaleur.

— Soit Q la chaleur à mesurer, quelle que soit sa provenance, deux cas se présentent : elle est positive ou négative. Dans le premier cas, on l'emploiera à chauffer de l'eau prise à t^0, pesant π, et on déterminera à quelle valeur θ la température de cette eau est amenée, le nombre de calories cherchées est $Q = \pi (\theta - t)$. Dans le deuxième cas, on l'emploiera à refroidir un poids π d'eau prise à t^0 et on cherchera à quelle valeur θ sa température arrive, on aura alors $Q = (t - \theta)$ en valeur absolue.

Mais, dans la pratique opératoire, l'eau employée est placée dans un vase appelé calorimètre, ce vase contient un thermomètre pour mesurer les températures, un agitateur pour mélanger les couches d'eau et répartir la température aussi uniformément que possible ; il peut contenir divers autres objets accessoires et nécessaires à l'expérience. Par exemple, si la chaleur Q est due à du charbon qui brûle, ce charbon est contenu dans une boîte mince plongée dans l'eau du calorimètre et dans laquelle arrive l'air nécessaire à la combustion. Ces accessoires varient avec le mode de production de la chaleur à mesurer. Tous ces corps sont en contact avec l'eau, toujours en équilibre de température avec elle ; leur température d'abord égale à celle de l'eau t monte avec elle jusqu'à θ, ils absorbent donc une portion de la chaleur Q à mesurer, de sorte que l'expression $Q = \pi (\theta - t)$ n'est pas complète, il faut aujouter au second nombre un terme qui correspond à l'échauffement de ces divers corps. Appelons M la quantité de chaleur nécessaire pour faire varier d'un degré la température de l'ensemble de ces corps, la quantité de chaleur qu'ils prennent aux dépens de Q lorsque leur température passe de t à θ est $M(\theta - t)$, de sorte que l'équation suivante donne une valeur plus exacte de Q :

$$Q = \pi(\theta - t) + M(\theta - t) = (\pi + M)(\theta - t). \quad (1)$$

La quantité M qui peut être considérée comme le poids d'eau qui exigerait la même quantité de chaleur que ces divers corps pour que sa température s'élève du même nombre de degrés s'appelle la valeur en eau de calorimètre et de ses accessoires. Elle varie avec les objets employés, est nécessaire à connaître et peut se mesurer une fois pour toutes par l'expérience suivante :

Mettons dans le calorimètre garni de tous les accessoires nécessaires un poids π_1 d'eau à la température t_1, versons-y un poids π_2 d'eau à une température t_2 supérieure à t_1 et constatons la température finale θ_1. La chaleur fournie à l'appareil est due à l'eau chaude qui s'est refroidie de t_2 à θ_1 et qui a pour valeur $\pi_2(t_2 - \theta_1)$; elle a servi à chauffer l'eau froide et les appareils de t°_1 à θ°_1, ce qui a exigé $(\pi_1 + M)(\theta_1 - t_1)$. On a donc l'équation :

$$\pi_2(t_2 - \theta_1) = (\pi_1 + M)(\theta_1 - t_1)$$

pour déterminer M, car, dans cette égalité, tout est mesurable par l'expérience même, sauf M qui est l'inconnue.

Il y a intérêt à diminuer la valeur de M, aussi les vases calorimétriques sont-ils faits aussi légers que possible. Ce sont des cylindres formés d'une mince feuille de cuivre ou de laiton.

L'équation (1) ne donne encore qu'une valeur approchée de Q, car une partie de cette chaleur peut, pendant la durée de l'expérience, se dissiper par rayonnement dans l'espace et aussi se perdre en traversant les parois et les supports de l'appareil, à cause de la conductibilité de ces objets. Pour atténuer dans la mesure du possible ces causes d'erreurs, le calorimètre est poli à l'extérieur et enfermé dans un vase plus grand, poli à l'intérieur. De plus il est soutenu par des corps choisis parmi les plus mauvais conducteurs, tels que des fils de soie, des pointes de liège. N'ayant l'intention que de donner le principe de la mesure, sans insister davantage, nous dirons seulement que l'équation (1) donne, après une expérience faite avec soin et un calorimètre bien construit, la valeur de Q avec une approximation suffisante dans bien des cas.

81. Chaleurs spécifiques des solides et liquides.

— L'expérience apprend que les corps de même poids exigent ou donnent des quantités de chaleur très différentes lorsque leur température varie du même nombre de degrés ; ou ce qui revient au même, que leurs variations de température seront différentes lorsqu'on leur donnera la même quantité de chaleur.

Soit un calorimètre dont la valeur en eau est 250 grammes contenant 1 kilogramme d'eau à 100°. Si nous y mettons 1 kilogramme de cuivre à 0°, l'expérience apprend que la température finale est 92°,9. Le calorimètre a donc fourni au cuivre $1,250 (100 - 92,9) = 8,875$ calories qui ont suffi à élever de 92°,9 la température de 1 kilogramme de cuivre. Ce corps n'exige donc que $\dfrac{8,875}{92,9} = 0,095$. Il ne faut donc que 0,095 calorie pour élever de 1° la température de 1 kilogramme de cuivre.

La même expérience répétée avec divers corps montre qu'il faut fournir à 1 kilogramme de mercure 0,033 calories, à 1 kilogramme de zinc 0,092 calories, à 1 kilogramme d'argent

0,056 calories pour que la température de ces corps s'élève de un degré.

On appelle chaleur spécifique d'un corps la quantité de chaleur qu'il faut lui fournir par unité de poids pour que sa température s'élève de 1 degré C.

De sorte, que si c est la chaleur spécifique d'un corps de poids π, le produit $c\pi$ est la quantité de chaleur qu'il lui faut pour que sa température s'élève de 1 degré. Ce produit est appelé la capacité calorifique du corps, désignons-la par C, nous aurons :

$$C = c \times \pi.$$

Nous pouvons remarquer que la quantité que nous avons désignée par M dans les paragraphes précédents ou valeur en eau des corps n'est autre chose que leur capacité calorifique.

La quantité de chaleur nécessaire pour produire une variation θ de la température d'un corps sera donc :

$$Q = C\theta = c\pi\theta. \tag{2}$$

Nous avons admis la constance de la chaleur spécifique ; cette constance n'est pas rigoureusement exacte ; mais les variations de c sont assez petites pour pouvoir être négligées dans la plupart des applications pratiques.

82. Mesure des chaleurs spécifiques. — Portons la température d'un corps dont la capacité calorifique est C à T°, mettons-le dans un calorimètre, suivant la méthode indiquée au § 80, notons la température finale θ et la quantité de chaleur Q cédée par le corps en se refroidissant de T° à θ. L'équation (2) du § précédent nous permet d'écrire :

$$C (T - \theta) = c\pi (T - \theta) = Q$$

équation qui nous permet de calculer soit C la capacité calorifique du corps, soit sa chaleur spécifique c.

83. Chaleur spécifique des gaz. — On peut chauffer un gaz dans deux conditions bien différentes : 1° en le laissant se dilater librement sous une pression maintenue constante ; 2° en le plaçant dans un vase clos et inextensible de manière à ce que le volume reste constant, la pression dans ce vase croîtra avec la température suivant une loi que nous connaissons déjà. L'expérience apprend que pour élever la température d'un kilogramme de ce gaz d'un degré, il faut une quantité de chaleur plus grande dans le premier cas que dans le second.

Les gaz ont donc deux chaleurs spécifiques suivant qu'on les considère à volume variable et sous pression constante ou à volume constant sous pression variable. La première est dite chaleur spécifique à pression constante et la seconde chaleur spécifique à volume constant.

L'expérience apprend en outre que le rapport $\dfrac{C}{c}$ de la chaleur spécifique à pression constante à la chaleur spécifique à volume constant est constant pour tous les gaz qui sont régis par la loi de Mariotte et que sa valeur est voisine de 1,41.

84. Équilibre de température entre les corps en contact. — Soient deux corps de capacités calorifiques C et C_1 à des températures t et t_1; mis en contact, ils prendront peu à peu une température finale θ commune et intermédiaire entre t et t_1. Supposons $t > t_1$, le premier corps se refroidit de t à θ et abandonne la chaleur $C(t - \theta)$; cette chaleur élève la température du second corps de t_1 à θ, elle est représentée par $C_1(\theta - t_1)$, on a donc :

$$C(t - \theta) = C_1(\theta - t_1); \qquad \theta = \frac{Ct + C_1 t_1}{C + C_1} \qquad (1)$$

Les relations $C = c\,\pi$, $C_1 = c_1\,\pi$, permettent de faire intervenir les poids et les chaleurs spécifiques de ces corps, ce qui donne :

$$c\pi\,(t - \theta) = c_1\pi_1\,(\theta - t_1); \qquad \theta = \frac{c\pi t + c_1\pi_1 t_1}{c\pi + c_1\pi_1}. \quad (2)$$

85. Exercices numériques. — I. Une chaudière est formée d'un cylindre, de 2 mètres de long, terminé aux deux extrémités par des hémisphères de 1 mètre de diamètre, elle est pleine d'air à 10° C. et à une atmosphère de pression. On demande quel poids de houille il faut brûler pour qu'en employant totalement la chaleur produite à chauffer l'air, sa pression devienne 3 atmosphères. La houille produit 8,000 calories par kilogramme et la chaleur spécifique à pression constante de l'air est $C = 0,24$. On négligera la dilatation de la chaudière.

Cherchons d'abord à quelle température nous devons porter cet air pour que la pression triple : dans l'équation (1) du § 72, applicable à ce cas, remplaçons P′ par 3, P par 1, t par 10 et faisons $V = V'$, il vient :

$$\frac{1}{273 + 10} = \frac{3}{273 + t'} \qquad \text{ou} \qquad t' = 576° \text{ C.}$$

Il faut donc élever de $576 - 10 = 566°$ C la température de cet air. Appelons π son poids, en multipliant π par la chaleur spécifique c à volume constant et par l'élévation de température à produire 566°, on a le nombre de calories nécessaires. Or, $C = 0,24$ et (§ 83) $\dfrac{C}{c} = 1,41$, donc $c = \dfrac{0,24}{1,41}$. D'autre part, la formule (3) du § 72 donne le poids π en y faisant P = 1,

$$t = 10, \; \delta_0 = 1 \; \text{et} \; V = \frac{1}{6} \times 3,1416 + \frac{1}{4} \times 3,1416 \times 2$$
$$= 2,0944 \; \text{mètres cubes.}$$

$$\pi = \frac{2,0944}{(273 + 10) \times 0,00283} = 2,615 \; \text{kilogrammes.}$$

La chaleur cherchée sera donc : $2,615 \times \dfrac{0,24}{1,41} \times 566$; elle est fournie par un poids x kilogrammes de houille qui donne $8\,000\,x$ calories, donc :

$$2,615 \times \frac{0,24}{1,41} \times 566 = 8\,000\,x.$$

$$x = 0,0315 \; \text{kilogramme, soit } 31,5 \; \text{grammes.}$$

II. — Dans un calorimètre dont la valeur en eau est 100 grammes, on fait les deux expériences suivantes : 1° on met 400 grammes d'eau à 10° et 200 grammes d'essence de térébenthine à 20', la température finale est 11°,43. 2° A la place de l'eau, on met dans ce calorimètre 800 grammes d'essence de térébenthine à 12° et 600 grammes de cuivre à 40°, la température finale est 15°,25.

On demande les chaleurs spécifiques x et y de l'essence et du cuivre.

La première expérience se traduit par l'équation

$$200\,(20 - 11,43)\,x = 500\,(11,43 - 10), \qquad (1)$$

qui exprime que la chaleur perdue par l'essence égale celle gagnée par l'eau.

La deuxième expérience donne :

$$600\,(40 - 15,25)\,y = (800\,x + 100)\,(15,25 - 12). \qquad (2)$$

L'équation (1) donne $x = 0,417$. L'équation (2) donne après la substitution de $0,417$ à x :

$$y = 0,0949.$$

CHANGEMENTS D'ÉTAT.

86. Passage de l'état solide à l'état liquide ou changement inverse. — *Changements de volume.* — En général, lorsqu'on élève la température d'un corps, il arrive que ce corps passe de l'état solide à l'état liquide. Quelques corps appelés réfractaires, tels que la chaux et le charbon, n'ont pu être fondus, mais on peut penser que c'est parce que la température que nous savons et pouvons produire est insuffisante. Les corps passent, en grand nombre, brusquement de l'état solide à l'état liquide ; cependant quelques-uns subissent cette transformation en passant par tous les états intermédiaires de pâtes plus ou moins fluides ; nous ne nous occuperons que des premiers. Inversement, un liquide suffisamment refroidi se solidifie, mais il est encore des exceptions, l'éther, l'alcool qu'on n'a pu solidifier, probablement parce qu'on n'a pu produire de température suffisamment basse.

En général, les corps augmentent de volume au moment de la fusion, ce que l'on constate en remarquant que, pendant cette opération, les fragments encore solides restent au fond de la partie liquéfiée. Cette règle souffre des exceptions dont les plus importantes sont la glace, la fonte de fer, le bismuth, l'antimoine et l'argent.

Il résulte de ces faits que nous rendrons plus difficile la fusion d'un corps qui augmente de volume en se liquéfiant en nous opposant à cette dilatation par une pression convenablement exercée sur lui; nous faciliterons, au contraire, la fusion d'un corps qui diminue de volume en se liquéfiant, en le soumettant à des pressions qui facilitent sa contraction.

87. Lois de la fusion. — 1° Sous la même pression un corps fond toujours à la même température; 2° pendant tout le temps que dure la fusion, cette température reste constante.

Les lois de la solidification sont les mêmes; cependant, dans ce dernier cas, la première de ces lois souffre des exceptions que nous verrons au § 90.

88. Chaleur de fusion. — Puisque la température d'un corps reste constante pendant sa fusion, la chaleur qui lui est fournie, ne faisant pas varier sa température, est tout entière employée à produire le changement d'état. On appelle chaleur de fusion d'un corps, le nombre de calories qu'il faut donner à un kilogramme du corps pour le fondre sans variation de température. Si l'unité du poids était le gramme, il serait commode de prendre pour unité de chaleur la calorie-gramme (§ 79).

La chaleur de fusion est dégagée au moment de la solidification.

89. Mesure de la chaleur de fusion. — Deux cas se présentent : 1° la température de fusion est inférieure à la température ordinaire; 2° elle est supérieure. Considérons le premier cas : mettons un poids π du corps à étudier à une température t_1, inférieure à celle t de sa fusion, dans un calorimètre, dont la valeur en eau est M, contenant un poids π_1 d'eau à t_2 degrés. Le corps s'échauffe de t_1 à t et prend ainsi $\pi \times c\,(t - t_1)$ calories, en désignant par c sa chaleur spécifique à l'état solide ; il fond et prend πx calories, en désignant par x sa chaleur de fusion ; enfin sa température s'élève de t à la température finale θ prise par le calorimètre, il prend ainsi $\pi c'\,(\theta - t)$ calories, en désignant par c' sa chaleur spécifique à l'état liquide ; de sorte que la chaleur totale prise par le corps est : $\pi c\,(t - t_1) + \pi x + \pi c'\,(\theta - t)$; cette chaleur lui a été fournie par le calorimètre et a pour expression (§ 80) : $(\pi_1 + M)\,(t_2 - \theta)$; on a donc pour calculer x l'équation :

$$\pi c\,(t - t_1) + \pi x + \pi c'\,(\theta - t) = (\pi_1 + M)\,(t_2 - \theta). \quad (1)$$

Il faut évidemment, pour que l'expérience réussisse, que π_1 M et t_2 soient choisis de manière à ce que le corps fonde en totalité.

En recommençant l'expérience avec d'autres valeurs de π, t, π_1, t_2, on aura une nouvelle valeur de θ et une nouvelle équation qui, jointe à (1), permettrait de calculer x et c ou c_1 dans le cas où l'une de ces deux dernières valeurs ne serait pas connue.

Lorsqu'il s'agit de la glace, l'équation (1) se simplifie, car $t = 0$, si l'on prend en outre $t_1 = 0_1$, elle devient, en remarquant que $c_1 = 1$:

$$\pi x + \pi \theta = (\pi_1 + M)\,(t_2 - \theta).$$

Dans le deuxième cas, le corps liquide de chaleur spécifique c' est porté à la température t_1 supérieure à celle t de sa fusion et porté dans un calorimètre. Conservant les notations précédentes ainsi que le même mode de raisonnement, il vient :

$$\pi c' (t_1 - t) + \pi x + \pi c (t - \theta) = (\pi_1 + M)(\theta - t_2). \quad (2)$$

90. Surfusion. — Nous avons défini le zéro de l'échelle thermométrique centigrade en disant (§ 59) que c'est la température de fusion de la glace ; c'est aussi la température de solidification de l'eau. On peut cependant obtenir de l'eau liquide à une température inférieure de quelques degrés (5 ou 6) à zéro, en prenant soin de la refroidir à l'abri de l'air et des chocs. On fait l'expérience en mettant de l'eau bouillie, pour la priver de l'air qu'elle tient en dissolution, dans un vase ; on la recouvre d'une couche d'huile pour la mettre à l'abri de l'air et on la refroidit dans cette position. Un thermomètre plongé dans cette eau arrive à indiquer — 5° ou — 6°, l'eau étant toujours liquide. Elle est alors dans un état d'équilibre instable, le moindre choc, la projection à l'intérieur d'un petit fragment de glace, si petit qu'il soit, provoque brusquement la solidification de toute la masse et, lorsque ce dernier phénomène se produit, le thermomètre remonte immédiatement à zéro.

L'eau n'est pas le seul corps jouissant de cette propriété ; beaucoup d'autres : le soufre, le phosphore, etc., la possèdent également.

91. Exemple numérique. — Dans un calorimètre dont la valeur en eau est 114,32 grammes on fait les deux expériences suivantes :

1° On met 200 grammes de glace à — 10° avec 600 grammes d'eau à 30°, la température finale est 5°.

2° On met 152 grammes de glace à 0° avec 500 grammes d'eau à 40°, la température finale est 16°,35.

On demande la chaleur spécifique de la glace c et sa chaleur de fusion x.

L'équation (1) du § précédent appliquée successivement à ces deux expériences, fournit les égalités :

$$200.c\left[0-(-10)\right]+200\,x+200\times 1\times(5-0)$$
$$=(600+114,32)(30-5).$$
$$152.c\,(0-0)+152\,x+152\times 1\times(16,35-0)$$
$$=(500+114,32)(40-16,35);$$

ou :

$$2000\,c+200\,x=16858$$
$$152\,x=12043,468$$

d'où

$$x=79,2\quad\text{et}\quad c=0,509.$$

92. Propriétés de la glace. — La glace est plus légère que l'eau à laquelle elle donne naissance, sa densité à 0° est 0,92 ; l'eau en se congelant doit se dilater. Cette dilatation se fait avec une force énorme à laquelle ne résistent pas les parois de vases solides dans lesquels l'eau peut être renfermée. Des vases de fer ayant une épaisseur de paroi de 15 millimètres sont brisés lorsque, pleins d'eau et fermés, ils sont exposés à une température telle que cette eau se solidifie.

La pression, comme nous l'avons déjà vu, doit faciliter la fusion de la glace. Pressons l'un contre l'autre deux morceaux de glace : ils fondent à leur point de jonction et se soudent l'un à l'autre par regélation aussitôt que la pression diminue et cesse. Si on pétrit dans sa main une boule de neige, elle devient de plus en plus homogène et dure par suite du regel et des soudures intimes qui s'effectuent entre les divers cristaux qui la composent. Cette neige, soumise à des pressions plus fortes que celles que l'on peut exercer à la main, par exemple dans un moule soumis à l'action d'une presse à vis ou d'une presse hydraulique, se transforme en un bloc translucide ayant la forme du moule.

Sans être visqueuse, la glace présente, grâce à cette propriété, toutes les apparences d'un corps plastique. La pression due aux poids des couches de neige qui s'accumulent sur les hautes montagnes cause la fonte des couches inférieures, l'eau qui en résulte regèle aussitôt. Lorsque ces masses glacées se trouvent enserrées dans des gorges étroites, elles se moulent sur ces gorges, s'infléchissent suivant tous leurs contours et s'avancent, sans présenter aucune trace de viscosité, causant ainsi le phénomène naturel du déplacement des glaciers.

93. Dissolution. — La fusion de certains corps peut être provoquée, à une température différente de celle que nous avons appelée température de fusion, par la présence d'un liquide convenablement choisi. Ce liquide s'appelle un dissolvant; le corps ainsi liquéfié est dit soluble dans le dissolvant et le phénomène lui-même est une dissolution.

Ainsi un grand nombre de sels sont solubles dans l'eau; le soufre, le phosphore sont solubles dans le sulfure de carbone. La dissolution des corps s'opère à toute température; mais, à une température déterminée, le poids du corps qu'un poids connu de son dissolvant peut dissoudre est limité, et, lorsque cette limite est atteinte, on dit que la dissolution est saturée. On appelle coefficient de solubilité d'un corps à une température donnée le poids de ce corps que peut dissoudre à cette température l'unité de poids de son dissolvant. En général, le coefficient de solubilité croît avec la température, mais plus ou moins rapidement suivant le corps et le dissolvant considérés. Ainsi un kilogramme d'eau dissout 130 grammes de salpêtre à 0°, 290 grammes à 18°, 450 grammes à 75°. Ce même poids d'eau dissout 360 grammes de sel marin à 0° et seulement 400 grammes à 110°. La solubilité du premier de ces sels croît donc beaucoup plus vite avec la température que celle du second. Le sulfate de soude présente cette particularité curieuse que son coefficient de solubilité croît avec la température jusqu'à 33° pour décroître ensuite. Ce phénomène tient à ce que ce sel, en présence de l'eau à 33°, forme avec elle une combinaison différente de la première.

94. Sursaturation. — La dissolution d'un corps présente un phénomène analogue à la surfusion (§ 90), c'est la sursaturation. Si on a une dissolution saturée à $t°$ et si on la laisse refroidir à $t'° < t°$, il arrivera en général qu'une certaine quantité de sel se déposera à l'état solide, de sorte que la dissolution n'en contiendra jamais que le poids qui la sature à la température à laquelle elle se trouve. En laissant refroidir tranquillement une dissolution saturée à $t°$, on peut l'amener à une température notablement inférieure sans qu'il y ait aucun dépôt, elle est alors sursaturée. Pour provoquer la solidification, il suffit de plonger dans cette dissolution un fragment, quelque petit qu'il soit, du solide dissous. La solidification se fait alors brusquement et un thermomètre plongé dans le liquide indique une élévation subite de température.

95. Mélanges réfrigérants. — Si l'on force un solide à se dissoudre rapidement, il n'aura pas le temps de prendre aux corps environnants la chaleur qui lui est nécessaire pour passer à l'état liquide ; il la prendra à lui-même et à son dissolvant qui se refroidira.

Un mélange par couches successives de glace pilée ou de neige avec du sel marin remplit ces conditions, on peut obtenir par son moyen une température de — 20°. Au lieu d'employer le sel marin, si on emploie le chlorure de calcium, on arrive à — 50°. La dissolution de l'azotate d'ammoniaque amène un abaissement de température de 26°. Un mélange de sulfate de soude et d'acide chlorhydrique abaisse sa température de 25 ou 30 degrés.

Dans certains cas, le phénomène se complique d'une action chimique qui dégage de la chaleur (Chimie, § 4), de sorte que la quantité de chaleur finalement dégagée est la somme algébrique de celle due aux divers phénomènes physiques et chimiques qui se produisent. Comme exemple on peut citer le mélange d'acide sulfurique et de glace à 0°.

Si on mélange 1 kilogramme d'acide avec 4 kilogrammes de glace à 0°, la glace fond et absorbe (§ 91) $4 \times 79 = 316$ calories ; l'eau qui résulte de cette fusion se combine avec l'acide sulfurique et dégage, les mesures calorimétriques l'indiquent, 61 calories ; il y a donc refroidissement correspondant à la disparition de $316 - 61 = 255$ calories, la température peut s'abaisser jusqu'à — 20° C.

Le mélange de 4 kilogrammes d'acide avec 1 kilogramme de glace donnera au contraire un dégagement de chaleur égal à $4 \times 61 - 79 = 215$ calories, la température peut s'élever jusqu'à 100°.

96. Passage de l'état liquide à l'état gazeux ou de vapeur. — La transformation d'un liquide en vapeur se nomme la vaporisation, et le passage inverse est la condensation.

La vaporisation se fait de deux manières bien distinctes : 1° Par évaporation ; un liquide abandonné à lui-même, à l'air libre, disparaît peu à peu comme on peut s'en convaincre s'il est odorant. L'évaporation ne se fait que par la surface. 2° Par ébullition ; lorsqu'on porte un liquide à une température déterminée que nous définirons plus loin, il se forme dans l'intérieur de sa masse des bulles qui viennent crever à la surface et qui laissent échapper dans l'atmosphère la vapeur dont elles sont formées.

97. Évaporation. — La rapidité avec laquelle un liquide s'évapore dépend de la nature du liquide, de la pression que sa propre vapeur exerce sur lui et de la température. Considérons d'abord un liquide donné à une température donnée invariable, pour le moment, et supposons ce liquide placé dans un récipient clos mais de volume variable. Un moyen commode de réaliser ces conditions consiste à introduire une très petite quantité du liquide dans la chambre d'un tube barométrique A disposé sur la cuvette profonde de la figure 37 (§ 41). Disposons à côté de ce premier tube un tube barométrique B nous donnant la pression atmosphérique. Aussitôt que le liquide arrive dans la chambre barométrique A, il disparaît, et la différence h de niveau du mercure entre A et B représente la pression de la vapeur formée. Si nous introduisons du liquide en quantité croissante, h augmentera, mais jusqu'à une valeur limite F qu'elle ne dépassera pas. Pour fixer les idées, supposons que le liquide soit de l'eau et la température 10°, h ne dépassera pas 9,16 millimètres, et lorsqu'elle aura atteint cette valeur, le liquide introduit cessera de disparaître et ne s'évaporera plus. Cette expérience faite et la quantité de liquide en A étant très petite, enfonçons le tube dans la cuvette de manière à réduire l'espace occupé par la vapeur, nous constatons que la différence h reste invariable et égale à F, que la vapeur se condense en liquide, de manière que celle qui reste soit toujours en quantité nécessaire et suffisante pour exercer la pression F dans le volume qui lui est offert. Soulevons le tube pour faire croître le volume occupé par la vapeur, il se forme constamment de la vapeur aux dépens du liquide de manière à toujours maintenir la pression F et la différence $h = $ F qui la mesure. Lorsque le volume est assez grand pour que le liquide ait entièrement disparu, si on l'augmente encore, h diminue de plus en plus et dans ces nouvelles conditions la vapeur se comporte à peu près comme un gaz ; on peut admettre, dans la pratique, qu'elle obéit à la loi de Mariotte (§ 41).

Si on recommence la série d'expériences précédentes à une température supérieure ou inférieure, les mêmes phénomènes se reproduisent, avec cette différence que la valeur limite F n'est plus la même ; elle croît avec la température. Si on recommence encore avec des liquides divers, on observe encore les mêmes phénomènes, mais les valeurs de F ne sont pas les mêmes pour les divers liquides à la même température. A une température donnée, plus la valeur de F pour un liquide est grande, plus ce liquide est facilement vaporisable.

98. Tension maxima. Tables. — La valeur de F définie au § précédent, mesurée pour une vapeur donnée à une température t, s'appelle la tension maxima de cette vapeur à cette température.

La tension maxima d'une vapeur à la température t est donc la pression la plus grande qu'elle puisse supporter à cette température sans se liquéfier.

On a expérimentalement construit des tables indiquant les tensions maxima des divers liquides à diverses températures. On a vu que cette tension maxima croissait avec la température, mais suivant une loi qu'il a été impossible de déterminer.

Les tables des tensions maxima de la vapeur d'eau,

plus importantes à connaître, ont été déterminées avec beaucoup de soin par M. Regnault.

A défaut de tables, on peut calculer la tension maxima de la vapeur d'eau à une température t avec une approximation suffisante dans bien des cas par la formule empirique :

$$\text{Log F (at.)} = a - b\,\alpha^t$$

F est donné en atmosphères si on prend pour a, b, α les valeurs suivantes :

pour $0° < t° < 100°$: $a = 2,191143$; $\log b = 0,6445892$;
$$\log \alpha = \overline{1},9969634.$$
pour $100° < t° < 200°$: $a = 2,853348$; $\log b = 0,6886535$;
$$\log \alpha = \overline{1},997667.$$

Applications numériques de cette formule :

1° Quelle est la tension maxima de la vapeur d'eau à 50° ?

$$
\begin{aligned}
\text{Log } \alpha &= \overline{1},9969634 & a &= 2,191143 \\
50 \text{ Log } \alpha &= \overline{1},848170 & b\alpha^t &= 3,109991 \\
\text{Log } b &= 0,6445892 & \text{Log F} &= \overline{1},081152 \\
\hline
\text{Log } b\,\alpha^t &= 0,4927592 & \text{F} &= 0,121 \text{ atmosphère.}
\end{aligned}
$$

2° Quelle est la tension maxima de la vapeur d'eau à 150° ?

$$
\begin{aligned}
\text{Log } \alpha &= \overline{1},997667 & a &= 2,853348 \\
150 \text{ Log } \alpha &= \overline{1},649850 & b\alpha^t &= 2,180236 \\
\text{Log } b &= 0,6886535 & \text{Log F} &= 0,673112 \\
\hline
\text{Log } b\alpha^t &= 0,3385035 & \text{F} &= 4,71 \text{ atmosphères.}
\end{aligned}
$$

99. Densités des vapeurs. — La densité d'une vapeur par rapport à l'air est le rapport du poids d'un certain volume de vapeur à celui du même volume d'air dans les mêmes conditions de température et de pression. Si la vapeur obéit

aux lois de compression et de dilatation des gaz, la densité
ainsi déterminée sera constante. En général, il n'en n'est pas
ainsi ; par exemple la mesure directe de la densité de la vapeur de soufre faite à 506° et à 1040° a donné les nombres
6,51 et 2,23, nous en conclurons que cette vapeur ne suit pas
la loi de Mariotte. A partir de cette dernière température, la
vapeur de soufre a une densité à peu près constante, elle suit
alors la loi de compression et de dilatation des gaz.

**100. Principe de la mesure des densités des va-
peurs par la méthode de Dumas.** — Un ballon à col
effilé, ouvert et plein d'air, est taré à la température t du
laboratoire et à la pression atmosphérique P centimètres.
On introduit à l'intérieur une petite quantité du liquide à
étudier et on porte le tout à une température T. Le liquide
s'évapore et lorsqu'il est complètement évaporé, on ferme le
col du ballon au chalumeau. La variation de son poids, π_1,
donne la différence entre le poids π de la vapeur qui remplissait le ballon au moment de sa fermeture, c'est-à-dire à la
température T et sous la pression P' (centimètres) atmosphérique et le poids π' de l'air qui le remplissait quand il a été
taré, d'où :

$$\pi = \pi_1 - \pi'$$

Mais π' est fourni par l'équation (4) du § 72. Appelant V_0 le
volume à 0° du ballon et K le coefficient de dilatation du
verre, cette équation donne :

$$\pi' = \frac{V_0(1 + xt)\,P}{0,215(273 + t)}$$

donc :

$$\pi = \pi_1 - \frac{V_0(1 + Kt)\,P}{0,215(273 + t)}.$$

Le poids π'' d'air, qui remplirait le ballon à $T°$ et sous la pression P' centimètres, est en vertu de l'équation précitée :

$$\pi'' = \frac{V_0\,(1 + KT)\,P'}{0,215\,(273 + T)}.$$

La densité cherchée est $d = \dfrac{\pi}{\pi''}$. On déterminera V_0 par un jaugeage suivant la méthode indiquée au § 76 ; π et π'' étant alors connus, il en sera de même de d.

101. Densités des vapeurs saturées. — Lorsqu'une vapeur suit la loi de Mariotte, on obtiendra le poids d'un certain volume dans des conditions données de température et de pression, en multipliant le poids du même volume d'air, dans les mêmes conditions, par la densité de la vapeur. En particulier, pour la vapeur d'eau ce dernier nombre est $0,622$ ou à peu près $\dfrac{5}{8}$. Ce calcul, qui est exact lorsque la vapeur se trouve dans des conditions éloignées de celles dans lesquelles elle se condense, cesse de l'être si la vapeur est saturante ou près de l'être. Il est cependant important de pouvoir calculer le poids d'un volume donné de vapeur d'eau saturante à une température déterminée. On ne connaît pas la loi suivant laquelle la densité de la vapeur saturante varie avec la température, mais M. Zeuner a donné la formule empirique suivante :

$$\gamma = 0,6061 \times P^{0.9393} \tag{1}$$

pour représenter en kilogrammes le poids d'un mètre cube de vapeur saturante sous la pression de P atmosphères.

On pourra facilement déduire de cette formule celle qui donne la densité d de la vapeur saturée sous une pression donnée P atmosphères. Il suffira de diviser γ par le poids d'un mètre cube d'air calculé sous la pression P atmosphères et à la température T à laquelle P est la tension maxima de la vapeur. Ce poids est (Éq. 3, § 72) $\dfrac{P}{0,00283\,(273+T)}$. On aura donc :

$$d = \frac{0,6061 \times 0,00283\,(273+T)\,P^{0,9393}}{P}$$

ou :

$$d = \frac{0,00171526\,(273+T)}{P^{0,0607}}. \tag{2}$$

102. Mélange des gaz et des vapeurs. — Lorsque les vapeurs seront dans des conditions éloignées de celles qui amènent leur condensation, on les traitera comme des gaz, d'après les principes et les formules du § 73. La formule (1) du paragraphe précédent permettra de calculer le poids de vapeur saturant le volume du mélange. La comparaison de ce poids au poids donné dans le mélange permettra d'apprécier la légitimité de l'application des équations qui régissent le mélange des gaz entre eux (§ 73). Si la quantité de vapeur donnée est plus que suffisante pour saturer l'espace qui lui est offert, quelle que soit du reste cette quantité, elle n'entrera dans la pression totale que pour une valeur égale à celle de la tension maxima.

103. Applications numériques. — I. — Dans un récipient de 10 mètres cubes maintenu à 50°, on met 12 kilogrammes d'air et un kilogramme d'eau. La tension maxima de la vapeur d'eau à 50° est 0,121 atmosphère. On demande la pression dans le récipient.

Le poids de 10 mètres cubes de vapeur saturée à 50° est (Éq. 1, § 101) :

$$10 \times 0,6061 \times \overline{0,121}^{\,0,9393} = 0,83369 \text{ kilogramme.}$$

Il y a donc dans le récipient plus d'eau qu'il n'en faut pour la saturation. Il restera à l'état liquide $1 - 0,83369 = 0,16631$ kilogramme d'eau, et la pression afférente à la vapeur seule sera sa tension maxima $0,121$.

La formule (3) du § 72 donne pour la pression de l'air :

$$P = \frac{0,00283 \times 12 \times (273 + 50)}{10} = 1,097.$$

La pression totale demandée sera donc :

$$1,097 + 0,121 = 1,218 \text{ atmosphère.}$$

II. — On recueille sur une cuve à eau, par suite à l'état de saturation, 15 litres d'oxygène sous la pression d'une atmosphère et à 10°. Ce gaz est mis dans un récipient de 25 litres et porté à 150°. Densité de l'oxygène $1,1056$; densité de la vapeur d'eau non saturée $0,622$; la tension maxima de la vapeur d'eau à 10° est $0,012$ atmosphère.

On demande : 1° le poids du gaz humide et 2° la pression dans le dernier récipient.

1° Sur la cuve à eau, la pression d'une atmosphère se compose de la pression de la vapeur saturée à 10°, soit $0,012$, et de celle de l'oxygène ; cette dernière est donc $1 - 0,012 = 0,988$ atmosphère.

Le poids demandé est la somme de deux poids : 1° celui de 15 litres d'oxygène sec à 10° et à la pression $0,988$ atmosphère, soit (Éq. 3, § 72) :

$$\frac{0,988 \times 15 \times 1,1056}{(273 + 10) \times 0,00283} = 20,458 \text{ grammes;}$$

et 2° celui de 15 litres de vapeur saturée à 10°, soit (Éq. 1, § 101) :

$$15 \times 0,6061 \times \overline{0,012}^{0,0303} = 0,14269 \text{ gramme.}$$

Le poids total est alors $20,458 + 0,143 = 20,601$ grammes.

2° Dans le récipient de 25 litres à 150°, la vapeur est loin d'être saturante, elle est assimilable à un gaz dont la densité est 0,622. La pression P de cette vapeur dans le récipient de 25 litres à 150° est (Éq. 3, § 72) :

$$P = \frac{0,00283 \times 0,14269\,(273 + 150)}{25 \times 0,622} = 0,01098 \text{ atmosphère.}$$

La pression P_1 du gaz oxygène peut se déduire soit de son poids qui est connu, comme celle de la vapeur, soit des conditions initiales dans lesquelles il se trouvait. On aura donc :

$$P_1 = \frac{0,00283 \times 20,458\,(273 + 150)}{25 \times 1,1056} = 0,88603$$

ou :

$$\frac{15 \times 0,988}{(273 + 10)} = \frac{25 \times P_1}{273 + 150}$$

d'où :

$$P_1 = \frac{15 \times 0,988 \times 423}{25 \times 283} = 0,88605.$$

La pression totale est donc :

$$P + P_1 = 0,01098 + 0,88604 = 0,897 \text{ atmosphère.}$$

104. Ébullition. — L'ébullition est une vaporisation caractérisée par ce fait que la vapeur se forme en bulles à l'intérieur du liquide ; ces bulles montent et viennent crever à la surface. Considérons une de ces bulles, elle est pleine de vapeur; cette vapeur, entourée de liquide de toute part est forcément à sa tension maxima. Pour que la bulle puisse se former, il faut que cette tension qui en écarte les parois équilibre les pressions que ces parois supportent de l'extérieur; ces pressions sont celles que supporte la surface du liquide si nous considérons la bulle au moment où elle arrive à cette surface. Il résulte de ces réflexions la loi suivante :

Un liquide entrera en ébullition lorsqu'il aura atteint la température à laquelle la tension maxima égale la pression qui s'exerce sur sa surface.

On ne connaîtra donc exactement la température d'ébullition d'un liquide que si on connaît d'abord la pression qui s'exerce sur sa surface et la table des tensions maxima de sa vapeur. Lorsque la hauteur barométrique est 76 centimètres, l'eau bout à 100°, parce que la tension maxima de la vapeur d'eau à 100° est 76 centimètres. L'eau bout à 10° sous la pression de 0,012 atmosphère, à 50° sous la pression de 0,121 atmosphère, à 150° sous la pression de 4,712 atmosphères, parce que la table des tensions maxima ou la formule empirique du § 98 nous indiquent que ces pressions représentent les tensions maxima de la vapeur d'eau à ces diverses températures.

A cette loi vient s'ajouter la suivante : pendant toute la durée de l'ébullition d'un liquide, la température d'un liquide reste constante si la pression ne change pas. On peut vérifier ce dernier énoncé au moyen d'un thermomètre plongé dans le liquide en ébullition. Le degré marqué par cet appareil ne variera que si la pression varie, ce degré sera toujours celui auquel la tension maxima de la vapeur égale la pression sur le liquide.

Faisons bouillir de l'eau dans un ballon et lorsque l'air est chassé par la vapeur, fermons-le hermétiquement. Pour obtenir ce résultat, nous le retournerons le col bouché et plongé dans l'eau. Au-dessus de l'eau dans le ballon, il n'existe que de la vapeur, l'ébullition cesse peu à peu, mais reprend si nous refroidissons cette vapeur en promenant sur la surface du ballon un linge mouillé, ce qui provoque une condensation et par suite une raréfaction sur la surface du liquide.

Un liquide enfermé dans un vase clos pourra être porté à une température de plus en plus élevée sans bouillir. La vapeur, ne pouvant s'échapper, exerce une pression de plus en plus grande. On arrivera forcément à rompre le vase. Si, avant la rupture, l'intérieur du vase est mis en communication avec l'atmosphère, l'excès de vapeur s'échappe, l'eau bout et sa température redescend à 100°. On peut imaginer, en partant de ces faits, un vase dans lequel, quelle que soit l'activité du foyer, la température de l'eau reste constante, c'est la marmite de Papin. Perçons le couvercle d'une ouverture de section s centimètres carrés et fermons cette ouverture en posant une soupape maintenue par un poids de p kilogrammes, l'eau atteindra la température T à laquelle sa tension maxima est p kilogrammes pour s centimètres carrés; la tension augmentant, la soupape se soulève, l'excès de vapeur s'échappe, la soupape se referme et ainsi de suite. La température est maintenue à T°. Par exemple, si nous voulons T $=$ 150°, la section s étant un centimètre carré; la tension de la vapeur à 150° est 4,712 atmosphères et l'atmosphère exerçant une pression de 1,0336 kilogramme par centimètre carré, il faudra charger la soupape d'un poids p égal à 1,0336 $+$ 4,712 $=$ 1,87 kilogrammes.

105. Cas particuliers de l'ébullition de l'eau. — I. — L'eau dissout certains gaz et notamment l'oxygène et l'azote qui constituent l'atmosphère, mais ces gaz se dégagent de l'eau par une élévation de température, par l'ébullition par exemple. L'eau bouillie, ne contenant plus de gaz en dissolution, peut être portée à la pression d'une atmosphère à une température supérieure à 100° sans bouillir ; elle est alors dans une sorte d'équilibre instable : il suffit d'introduire une bulle d'air ou une goutte d'eau aérée pour que la température redescende à 100° et que l'ébullition se produise. Ce phénomène rappelle celui de la surfusion (§ 90).

II. — L'eau versée sur une plaque métallique à une température assez élevée perd sa propriété de mouiller cette plaque, elle se dispose en globules et un examen attentif permet de voir que ces globules ne touchent pas la plaque. C'est là le phénomène de caléfaction. Si la plaque vient à se refroidir, tout en restant à une température suffisamment élevée, les globules touchent la plaque et se vaporisent brusquement.

Dans les deux cas que nous venons d'indiquer, l'eau peut être brusquement vaporisée et, si les issues offertes à la vapeur sont nulles ou insuffisantes, sa force élastique peut devenir suffisante pour briser les vases qui la contiennent.

106. Chaleur de volatilisation. — Le fait que, quelle que soit l'activité du foyer qui chauffe un liquide qui bout, la température reste constante, montre que la chaleur qui est fournie au liquide est tout entière employée à produire son changement d'état.

On appelle chaleur de volatilisation d'un corps, le nombre de calories qu'il faut donner à l'unité de poids du corps liquide pour le transformer en vapeur sans changement de température.

107. Mesure de la chaleur de volatilisation. — Dans un calorimètre de valeur en eau M, contenant un poids π_1 d'eau à la température t_1, on fait condenser un poids π de vapeur $T°$, cette vapeur fournit un poids π de liquide à une température θ qui lui est commune avec le calorimètre.

En appelant x la chaleur de volatilisation cherchée et c la chaleur spécifique du liquide, $\pi x + \pi c (T - \theta)$ est la chaleur cédée par la vapeur et par le liquide qu'elle a produit, chaleur égale à celle qu'elle aurait prise pour passer de l'état de liquide à $\theta°$ à l'état de vapeur à $T°$. Cette chaleur est égale à celle (Éq. 1, § 80) : $(\pi_1 + M)(\theta - t_1)$ gagnée par le calorimètre ; on a donc :

$$\pi x + \pi c (T - \theta) = (\pi_1 + M)(\theta - t_1), \qquad (1)$$

équation qui permet de déterminer x.

108. Chaleur de vaporisation de l'eau. — Les expériences nombreuses et complètes de M. Regnault ont montré que la chaleur de volatilisation varie avec la température T à laquelle elle est produite suivant la formule empirique :

$$\lambda = 606{,}5 - 0{,}695\,T \qquad (1)$$

c'est-à-dire qu'elle diminue quand la température augmente. λ est le nombre de calories nécessaires pour transformer un kilogramme d'eau à $T°$ en un kilogramme de vapeur à $T°$. A $100°$, on a $\lambda_{100} = 537$ calories.

On appelle chaleur totale de vaporisation L à $T°$ la chaleur qu'il faut pour transformer un kilogramme d'eau à $0°$ en un kilogramme de vapeur à $T°$. Cette quantité L se compose d'abord de la chaleur qu'il faut pour porter l'eau de $0°$ à $T°$ et qui est égale à T, si nous admettons la constance de la calorie, plus de la chaleur λ calculée à $T°$, donc :

$$L = T + 606{,}5 - 0{,}695\,T = 606{,}5 + 0{,}305\,T. \quad (2)$$

109. Applications numériques. — I. — Dans un calorimètre dont la valeur en eau (§ 80) est 49 grammes et contenant 200 grammes d'eau à $10°$, on fait arriver 2 grammes de vapeur d'eau à 100°. La température finale est 15°. On demande la chaleur x de volatilisation de l'eau. La chaleur perdue par la vapeur pour se transformer en eau à 100° est $2x$; celle perdue par cette eau dont la température s'abaisse de 100° à 15° est $2(100-15)$. La chaleur gagnée par le calorimètre est $(200+49)(15-10)$. On a donc :

$$2x+2(100-15)=(200+49)(15-10)$$
$$x=537.$$

II. — Dans un calorimètre dont la valeur en eau est 50 grammes, on fait les deux expériences suivantes :

1° On met 200 grammes d'eau à 15° et on fait arriver 4 grammes de vapeur d'eau chauffée à 150°. La température finale est 25°,17.

2° On met 150 grammes d'eau à 5° et on fait arriver 2 grammes de vapeur d'eau chauffée à 200°. La température finale est 11°,73.

On demande la chaleur spécifique x de la vapeur et sa chaleur de volatilisation y.

Dans la première expérience, la vapeur s'est refroidie de 150 à 100° et a abandonné $4(150-100)x$; elle s'est condensée à 100° et a abandonné $4y$; l'eau s'est refroidie de 100° à 25°,17 et a abandonné $4(100-25,17)$ La chaleur totale dégagée est donc :

$$4(150-100)x+4y+4(100-25,17).$$

La chaleur gagnée par le calorimètre dont l'eau s'est échauffée de 15° à 25°,17 est :

$$(200+50)(25,17-15).$$

On a donc l'équation :

$$4(150-100)x+4y+4(100-25,17)=(200+50)(25,17-15).$$

Le même raisonnement appliqué à la deuxième expérience donne :

$$2(200-100)x+2y+2(100-11,73)=(150+50)(11,73-5).$$

La résolution de ces deux équations donne :

$$x = 0,48 ; \quad y = 537.$$

III. — Quel poids x de houille faut-il brûler pour transformer 12 kilogrammes d'eau à 40° en vapeur saturée à 150°, sachant qu'un kilogramme de houille donne en brûlant 8000 calories.

Il faut 12 (150 — 40) calories pour porter l'eau de 40° à 150°. Il faut ensuite, d'après l'équation (1) (§ 108), $12 \times (606,5 - 0,695 \times 150)$ pour vaporiser l'eau. On a donc :

$$12(150-40)+12(606,5-0,695\times150)=8000\,x$$
$$x = 0,918375 \text{ kilogramme.}$$

110. Froid produit par la vaporisation. — Lorsqu'un kilogramme de liquide passe à l'état de vapeur à une température donnée, il absorbe une quantité de chaleur égale à sa chaleur de vaporisation à cette température. S'il se vaporise sans qu'on lui fournisse cette chaleur, il la prend à lui-même et aux corps qu'il touche et abaisse leur température. Cet abaissement de température est d'autant plus grand que la vaporisation est plus rapide. Aussi les liquides à forte tension maxima, comme l'alcool et surtout l'éther, dits pour cette raison très volatils, disparaissent facilement de la surface des corps sur lesquels ils sont versés et les refroidissent assez fortement. On peut activer l'évaporation de l'eau en la faisant traverser par un courant d'air qui met au contact de l'air une plus grande surface liquide et qui emporte constamment les vapeurs qui se forment. On la refroidit plus encore en faisant le vide au-dessus d'elle et, si on a soin d'absorber par de l'acide sulfurique les vapeurs formées, l'évaporation peut devenir assez rapide pour que l'eau se refroidisse à un point tel qu'elle se gèle. Certaines glacières sont fondées sur ce principe.

Lorsqu'une vapeur se condense, elle restitue la chaleur absorbée lors de sa formation ; il en résulte un échauffement du milieu dans lequel cette condensation se produit.

111. Condensation des gaz et des vapeurs. — Les vapeurs se condensent dans les conditions inverses de celles dans lesquelles elles se forment.

L'échauffement et la raréfaction favorisent la formation des vapeurs ; le refroidissement et la compression favorisent leur condensation. Une vapeur se condensera lorsque, à une pression donnée, sa température en s'abaissant deviendra égale à celle à laquelle cette pression égale sa tension maxima. Si elle est à température constante, elle se liquéfiera lorsqu'on la soumettra à une pression égale à sa tension maxima à cette température.

L'identité des propriétés des gaz et des vapeurs éloignées de leur point de liquéfaction a fait penser que les gaz ordinaires sont des vapeurs dont les tensions maxima sont très élevées aux températures ordinaires. Cette idée a été confirmée par la liquéfaction de tous les gaz qui a été effectuée lorsqu'on a eu à sa disposition des moyens de refroidissement et de compression plus énergiques que ceux connus jusqu'alors.

112. État hygrométrique. — L'hygrométrie a pour but de mesurer la quantité de vapeur d'eau qui existe à tout instant dans un volume déterminé de gaz ou dans un volume déterminé de l'air qui nous entoure. Nous admettrons dans ce qui va suivre que la vapeur suit les lois de compression et de dilatation des gaz et nous adopterons 0,622 pour sa densité. Ceci posé, appelons π le poids de vapeur contenu dans un volume V m. c. de gaz à la température t, la pression de la vapeur seule étant p centimètres. On a, en appliquant la formule (4) du § 72 :

$$\pi = \frac{p\mathrm{V} \times 0,622}{(273 + t) \times 0,215}. \tag{1}$$

Appelons π_1 le poids de cette vapeur que contiendrait ce gaz s'il était saturé à la même température. Nous dirons que le gaz est à moitié, aux trois quarts, aux deux tiers saturé lorsque π sera la moitié, les trois quarts, les deux tiers de π_1. Ce rapport de π à π_1 représente la fraction de saturation du gaz, on l'appelle l'état hygrométrique du gaz; désignons-le par e, nous aurons :

$$e = \frac{\pi}{\pi_1}, \tag{2}$$

mais on peut obtenir π_1 comme on a obtenu π.

Appelant p_1 la tension maxima de la vapeur d'eau à la température t, on a :

$$\pi_1 = \frac{p_1\mathrm{V} \times 0,622}{(273 + t) \times 0,215}. \tag{3}$$

Divisant (1) par (2), on a :

$$\frac{\pi}{\pi_1} = \frac{p}{p_1} = e. \tag{4}$$

π_1 et p_1 sont connus à l'avance soit par l'équation (3) pour π_1, soit par les tables ou la formule des tensions maxima (§ 98) pour p_1. Il suffit donc, pour déterminer e, de construire des appareils permettant de mesurer soit π, soit p, soit même e directement, d'où trois sortes d'hygromètres : les hygromètres chimiques qui donnent π, les hygromètres d'absorption qui donnent e et les hygromètres de condensation qui donnent p_1. Nous ne nous occuperons que de ces derniers qui, tout en restant d'un maniement facile, sont les plus précis.

113. Hygromètres à condensation. — Ces appareils reposent sur le principe suivant : désignons par t_1 la température de l'air, par p_1 la tension maxima, donnée par les tables, de la vapeur d'eau à t_1^o, par p la tension de la vapeur existant dans l'air et que nous cherchons, et par t la température à laquelle la tension maxima de la vapeur égale p. Plaçons dans cet air un vase que nous puissions refroidir et dont nous connaîtrons à chaque instant la température au moyen d'un thermomètre fixé dans son intérieur. Refroidissons le vase, il refroidira les couches d'air qui l'environnent et lorsque la température de ces dernières sera abaissée à t^o, elles contiendront de la vapeur saturée qui se déposera sur les parois sous forme de rosée visible. Les thermomètres donnent t_1 et t, des tables donnent p_1 et p, donc l'état hygro-

métrique $e = \dfrac{p}{p_1}$ est connu.

Cet appareil est réalisé sous deux formes différentes dues à Daniell et à Regnault.

I. *Hygromètre de Daniell* (fig. 59). — Le récipient refroidi est une boule A de verre dont la température est indiquée par un thermomètre T, tandis que le thermomètre T, donne la température extérieure. Pour refroidir A, on fait communiquer cette boule avec une seconde boule B entourée d'une enveloppe de mousseline. A contient de l'éther et on verse le même liquide sur la mousseline. Ce liquide très volatil, en s'évaporant rapidement, refroidit B ; les vapeurs d'éther ren-fermées dans cette boule se con-densent et l'évaporation de l'éther en A est activée, ce qui amène l'a-baissement de température de cette boule. Au bout d'un certain temps, une rosée se dépose sur sa surface. A cet instant on note les températu-res t et t_1 indiquées par les ther-momètres T et T_1. Les tables donnent les tensions maximas p et p_1 aux températures t et t_1. On a alors :

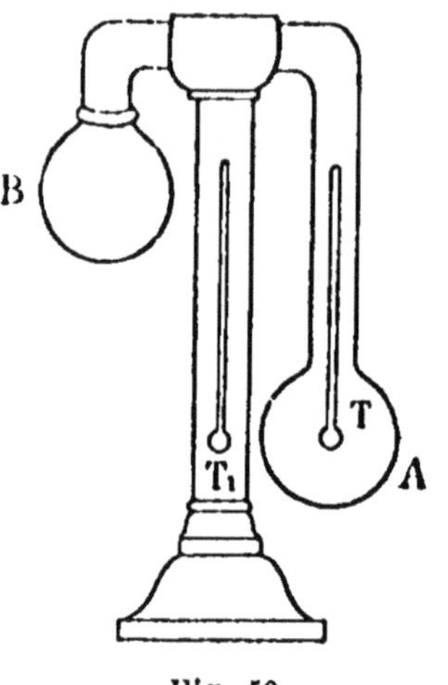

Fig. 59.

$$e = \frac{p}{p_1}.$$

II. *Hygromètre de Regnault* (fig. 60). — Le vase refroidi est un cylindre d'argent A parfaite-ment poli et brillant à l'extérieur pour qu'on puisse mieux aper-cevoir le dépôt de la rosée au moment où il se forme. Ce dé d'argent ferme un tube de verre B fermé par un bouchon de caoutchouc C percé de trois trous, il contient de l'éther dont on ac-tive l'évaporation en insufflant de l'air par le tube D plongeant dans le liquide. L'air insufflé sort par le tube E. La vaporisation de l'éther activée par le courant

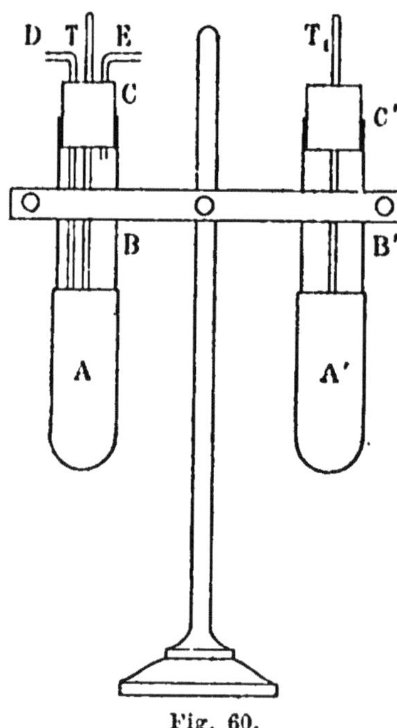

Fig. 60.

d'air provoque le refroidissement de A sur lequel, au bout
d'un certain temps, se dépose la rosée. Le thermomètre T
indique à ce moment la température désignée précédemment
par t. La présence dans le voisinage du dé A d'un second
dé identique A′ facilite par comparaison l'observation de
l'instant précis où se dépose la rosée. Le thermomètre T_1
donne la température t_1 de l'atmosphère ambiante.

**114. Calcul du poids d'un gaz dont le volume, la
densité, la température, la pression et l'état hygrométrique sont donnés.** — Soient V le volume en mètres
cubes, d la densité, P la pression, t la température, e l'état
hygrométrique, $\dfrac{5}{8}$ la densité de la vapeur d'eau et π le poids
cherché en kilogrammes. La pression P se compose de la
pression propre au gaz et de la pression propre à la vapeur.
Cette dernière est ep_1, en appelant p_1 la tension maxima de la
vapeur d'eau à $t°$; celle du gaz est donc $P - ep_1$. Supposons
les pressions mesurées en centimètres. Le poids cherché π se
compose du poids π_1 du gaz de densité d, de température t,
de pression $P - ep_1$; et du poids π_2 de vapeur de densité $\dfrac{5}{8}$, de
température t, de pression ep_1.

L'équation (4) du § 72 donne :

$$\pi_1 = \frac{(P - ep_1)\,V \times d}{0,215\,(273 + t)};$$

$$\pi_2 = \frac{ep_1 V \times \dfrac{5}{8}}{0,215\,(273 + t)}.$$

Le poids cherché π est donc :

$$\pi = \pi_1 + \pi_2 = \frac{V}{0,215\,(273 + t)}\left[(P - ep_1)\,d + ep_1\frac{5}{8}\right]. \quad (1)$$

En particulier pour l'air :

$$\pi = \frac{V}{0,215\,(273+t)}\left(P-\frac{3}{8}\,ep_1\right).\qquad(2)$$

115. Applications numériques. — I. Dans un récipient de 4 mètres cubes maintenu à 30°, se trouvent 5 kilogrammes d'air sec. On y ajoute 30 grammes d'eau. On demande l'état hygrométrique e et la pression P. La tension maxima de la vapeur à 30° est 3,15 centimètres.

Le poids de vapeur saturant 4 mètres cubes est donné par l'équation (3) du § 112 :

$$\pi_1 = \frac{3,15\times 4\times 0,622}{303\times 0,225} = 0,1203\ \text{kilogr. ou } 120,3\ \text{gr.}$$

On a d'ailleurs un poids π de vapeur de 30 grammes. Donc :

$$e = \frac{30}{120,3} = 0,25.$$

La pression exercée par la vapeur dans le récipient est, en vertu de la définition de l'état hygrométrique, $0,25\times 3,15 = 0,7875$ centimètre. La pression P, de l'air est donnée par l'énoncé auquel on applique la formule (4) du § 72 :

$$P_1 = \frac{0,215\times 5\,(273+30)}{4} = 81,43125\%_m.$$

La pression P est la somme des deux pressions :

$$P = 81,43125 + 0,7875 = 82,22\ \text{centimètres.}$$

II. On demande le poids de l'air contenu dans une chambre ayant la forme d'un parallélipipède rectangle dont les dimensions sont : 5 mètres, 7 mètres, 3 mètres. Données :

$t = 15°$; $P = 78$ centimètres ; $e = 0,4$; p_1 ou tension maxima de la vapeur d'eau à 15° est 12,7 millimètres.

L'équation (2) du § précédent est directement applicable et donne :

$$\pi = \frac{5 \times 7 \times 3}{0,215\,(273 + 15)} \left(78 - \frac{3}{8} \times 0,4 \times 1,27\right).$$

$$\pi = 131,9 \text{ kilogrammes.}$$

III. Dans un récipient de 2 mètres cubes à 20° se trouve 2,300 kilogrammes d'azote dont la densité est 0,972 et l'état hygrométrique 0,5. La tension maxima de la vapeur d'eau à 20° est 17,4 millimètres. On demande la pression.

On peut calculer séparément la pression du gaz et celle de la vapeur, comme nous l'avons fait dans certains exercices précédents, mais on peut aussi appliquer l'équation (1) du § précédent qui donne immédiatement :

$$2,300 = \frac{2}{0,215 \times (273 + 20)} \left[(P - 0,5 \times 1,74)\,0,972 + 0,5 \times 1,74 \times \frac{5}{8} \right].$$

En résolvant, il vient :

$$P = 74 \text{ centimètres.}$$

NOTIONS SUR LA CONDUCTIBILITÉ.

116. Conductibilité. — Lorsque la chaleur se propage d'un point A à un point B à travers un corps solide, liquide ou gazeux, en échauffant tous les points intermédiaires, on dit qu'elle se propage par conductibilité. La plus ou moins grande facilité avec laquelle se propage la chaleur à travers un corps est ce qu'on appelle sa conductibilité.

On peut comparer la conductibilité de divers corps au moyen de l'appareil d'Ingenhousz. Il consiste en une boîte rectangulaire métallique, sur une des parois de laquelle on a fixé des tiges de divers corps, métaux, verre, bois. Ces tiges, de même longueur et de même diamètre, sont recouvertes d'une couche mince de cire facilement fusible. On verse de l'eau bouillante dans la caisse, la chaleur se répand par conductibilité dans les diverses tiges et sur chacune d'elles la cire fond à une distance d'autant plus grande que la matière dont elle est faite est meilleure conductrice.

On dit quelquefois que la tige dont la conductibilité est la plus grande est celle sur laquelle la cire fond plus rapidement; il y a là une erreur qui, cependant, est assez accréditée. Il suffit, pour s'en convaincre, de remarquer que les faits ne se passeraient réellement ainsi que si les tiges employées avaient la même chaleur spécifique, ce qui est loin d'avoir lieu.

117. Conductibilité des solides. — Les métaux sont les meilleurs conducteurs pour la chaleur; cependant ils présentent entre eux, à ce point de vue, des inégalités considérables. Ainsi, si nous représentons par 100 la conductibilité du meilleur conducteur d'entre eux, l'argent, celle des autres peut être à peu près représentée par les nombres suivants :

Argent . .	100	Zinc. . . .	19	Plomb . . .	9
Cuivre . .	74	Étain . . .	15	Platine . . .	8
Or. . . .	53	Fer	12	Maillechort .	6
Laiton . .	24	Acier . . .	11	Bismuth. . .	2

On donne à un métal un pouvoir conducteur beaucoup

plus grand en le tissant en toile métallique. Une toile métallique posée sur la flamme d'une bougie ou d'un bec de gaz, écrase la flamme qui ne passe pas au travers. Placée au-dessus d'un jet de gaz, on peut allumer ce dernier au-dessus de la toile sans que la flamme se propage au-dessous.

Les autres corps solides sont, en général, à des degrés divers, mauvais conducteurs de la chaleur. Les substances d'origine animale ou végétale ont une conductibilité extrêmement faible. Elle varie cependant pour une même substance, suivant l'état dans lequel elle se trouve. La soie écrue est plus isolante que la même soie tordue ; un tissu de laine lâche est plus mauvais conducteur qu'un tissu de laine à mailles serrées. Les plumes fines, les poils, sont les plus mauvais conducteurs.

118. Conductibilité des liquides. — Pour étudier la conductibilité des liquides, il faut les échauffer par la partie supérieure et étudier la marche de divers thermomètres plongés à différentes profondeurs. Cette précaution est prise pour éviter dans la masse liquide les transports de chaleur dus aux mouvements que les variations de densités occasionnent dans les liquides chauffés par le bas. Il résulte des expériences de cette nature que les liquides sont très mauvais conducteurs, sauf le mercure.

119. Conductibilité des gaz. — Il est très difficile d'étudier la conductibilité des gaz parce qu'il est presque impossible d'éviter la formation de courants dans la masse. Cependant, les expériences qu'on a pu faire à ce sujet ont permis de constater que, sauf l'hydrogène, les gaz ne possédaient aucune conductibilité apparente.

120. Applications de la conductibilité. — I. *Lampe de sûreté.* — Cette lampe est destinée à être portée dans les endroits pouvant contenir une atmosphère explosive, par exemple dans les mines où se dégage souvent un hydrogène carboné, le grisou, inflammable au contact de l'air et d'une flamme. Elle se compose d'une lampe à huile ordinaire, dont la flamme est renfermée dans un cylindre de cristal surmonté d'une toile métallique close de toutes parts. Cette toile laisse passer les gaz nécessaires à la combustion et ceux qui en résultent, mais si un mélange détonant vient au contact de la flamme, il explose dans la lampe, qui s'éteint, sans que cette explosion se propage au dehors.

II. *Applications diverses.* — La mauvaise conductibilité de la sciure de bois, de la laine, permet d'employer ces substances à la conservation de la glace enveloppée par elles. Les issus de laine, de soie constituent des vêtements qui conservent, pendant l'hiver, au corps sa chaleur propre. Les gaz étant très isolants, lorsqu'aucun courant ne se propage dans leur masse, une couche d'air atmosphérique immobilisée dans les mailles d'un tissu, dans les mille interstices que présente une masse de plumes légères, abritera contre les variations de température. C'est pour cette raison aussi que deux vêtements superposés conservent mieux la chaleur qu'un seul vêtement plus épais, car ils immobilisent entre eux une certaine quantité d'air. Les couches graisseuses ou huileuses, les plumes fines, les fourrures délicates qui recouvrent les animaux vivant dans les pays froids sont d'excellents préservatifs pour eux contre les variations brusques de température. L'écorce des arbres, plus mauvaise conductrice que le bois lui-même, joue le même rôle pour la conservation des êtres végétaux. Nous trouvons encore dans ces considérations l'explication du motif pour lequel les habitants du midi de

l'Europe et du nord de l'Afrique ont une prédilection marquée pour les étoffes de soie ou de laine ; grâce à leur mauvaise conductibilité, ces étoffes empêchent plus efficacement
que d'autres la chaleur extérieure de pénétrer jusqu'à eux.

CHIMIE

---

1. Phénomènes chimiques. — Les phénomènes chimiques se distinguent des phénomènes physiques par ce fait que ces derniers laissent intacts les corps tout en leur donnant momentanément des propriétés nouvelles, tandis que les premiers altèrent profondément leur nature en les transformant en nouveaux corps doués de propriétés permanentes, qui n'ont rien de commun avec celles des corps primitifs. Ainsi la fusion d'un morceau de fer sous l'influence d'une élévation de température est un phénomène physique; l'oxydation ou la rouille du fer, qui transforme peu à peu le métal en une matière terreuse qui ne lui ressemble en rien, est un phénomène chimique. La dissolution d'un fragment de soufre, de phosphore dans un liquide appelé sulfure de carbone est un phénomène physique, car on retrouve, après évaporation du sulfure de carbone, le soufre et le phosphore doués de propriétés identiques à celles qu'ils possédaient avant leur dissolution. Nous verrons plus loin des exemples de dissolution au cours desquelles les corps en présence changent complètement de nature, acquièrent des propriétés nouvelles et perdent leurs anciennes; ce genre de dissolution est un phénomène chimique.

2. Corps simples et composés. — On appelle corps simple, tout corps dont on n'a pu, par tous les moyens connus jusqu'à ce jour, retirer qu'une seule et même substance. Cette définition n'est pas absolue; ainsi l'eau, la potasse ont longtemps figuré dans la liste des corps simples, jusqu'au moment où des moyens de décomposition plus énergiques que ceux connus jusqu'alors ont permis de retirer, de chacun d'eux, plusieurs éléments différents.

Les corps composés sont ceux qui, soumis à un agent de décomposition suffisant, se séparent en diverses substances composées ou simples.

3. Combinaison. Décomposition. — Lorsque de l'action de deux ou plusieurs corps entre eux résulte un composé nouveau, on dit qu'il s'est formé une nouvelle combinaison. Par exemple, si on chauffe du cuivre et du soufre, il se produit un troisième corps jouissant de propriétés nouvelles qui ne sont ni celles du cuivre ni celles du soufre. On dit que le cuivre et le soufre se sont *combinés*. Il importe de bien distinguer la combinaison chimique du simple mélange. Les corps peuvent se mélanger en toutes proportions, et chacun d'eux conserve dans le mélange ses propriétés propres; nous verrons plus loin que la combinaison est soumise à des lois connues et notamment à celle-ci que les corps ne se combinent entre eux que dans des rapports de poids parfaitement définis.

La décomposition d'un corps composé est le phénomène inverse de la combinaison, c'est la réduction du composé en composés plus simples ou en éléments simples.

Les phénomènes de combinaison et de décomposition peuvent se produire simultanément, de sorte qu'on peut considérer quelquefois les uns comme la cause ou la conséquence des autres. La combinaison du corps simple hydrogène avec le corps simple oxygène donne le corps composé eau; l'eau mise en contact avec le corps simple potassium se décompose en hydrogène et oxygène ; ces deux corps sont gazeux à la température ordinaire ; le premier se dégage dans l'atmosphère et le second se combine avec le potassium pour former un nouveau composé appelé la potasse.

4. Phénomènes calorifiques qui accompagnent les phénomènes chimiques. — Tout phénomène chimique est accompagné d'un phénomène calorifique qui est un dégagement ou une absorption de chaleur mesurable en calories (*Physique*, §79). Les combinaisons sont, en général, accompagnées d'un dégagement de chaleur, et le nombre de calories dégagées est toujours le même pour un même poids des corps simples combinés entre eux, quels que soient du reste les états intermédiaires par lesquels ces corps simples aient passé depuis leur état de corps simple jusqu'au composé qu'ils ont constitué. Exemple : On peut produire 22 grammes d'acide carbonique en combinant 6 grammes de carbone avec 16 grammes d'oxygène. Cette opération peut se faire dans un calorimètre qui indique qu'il s'est dégagé en même temps 47 grandes calories. On peut encore faire 22 grammes d'acide carbonique par les deux opérations successives suivantes : 1° combiner 6 grammes de carbone avec 8 grammes d'oxygène, ce qui donne 14 grammes d'oxyde de carbone et dégage 13 calories ; 2° combiner les 14 grammes d'oxyde de carbone obtenus avec 8 grammes d'oxygène, ce qui donne 22 grammes d'acide carbonique et 34 calories. Or $13 + 34 = 47$: la même quantité totale de chaleur a donc été dégagée pendant la formation du même poids d'acide carbonique par ces deux méthodes différentes.

Les décompositions sont, en général, accompagnées d'une absorption de chaleur et le nombre de calories absorbées par la décomposition d'un poids donné d'un composé en composés plus simples est égal au nombre de calories dégagées par la combinaison de ces composés pour reconstituer le premier. Ainsi la réduction de 22 grammes d'acide carbonique en 8 grammes d'oxygène et 14 grammes d'oxyde de carbone absorbe 34 calories et la décomposition de 14 grammes d'oxyde de carbone en 8 grammes d'oxygène et 6 grammes de carbone absorbe 13 calories.

5. Affinité. — On dit que deux corps ont beaucoup d'affinité l'un pour l'autre lorsque leur combinaison s'effectue facilement. L'expérience apprend que l'affinité de deux corps l'un pour l'autre est d'autant plus grande que la combinaison qu'ils forment est accompagnée d'un plus grand dégagement de chaleur. Exemple: 8 grammes d'oxygène en se combinant avec de l'hydrogène dégagent 34,5 grandes calories; 8 grammes d'oxygène en se combinant avec du potassium dégagent 49 calories. Le potassium a pour l'oxygène une affinité plus grande que celle de l'hydrogène pour ce même corps. Il résulte de là que le potassium mis en présence de l'eau, combinaison d'hydrogène et d'oxygène, la décomposera pour s'emparer de son oxygène et mettra l'hydrogène en liberté. Sur les 49 calories dégagées par la combinaison oxygène et potassium, 34,5 seront employées à décomposer l'eau et si les phénomènes n'étaient pas plus complexes, il y aurait un excédent de $49 - 34,5 = 14,5$ calories; mais la potasse formée se dissout dans l'eau et cette dissolution est un phénomène chimique, il y a une véritable combinaison entre la potasse et l'eau qui dégage 33 calories; il y a donc en réalité en excédent de $33 + 14,5 = 47,5$ calories.

On peut remarquer qu'il résulte de ces faits que lorsque deux ou plusieurs corps sont au contact et peuvent réagir chimiquement les uns sur les autres, c'est toujours la combinaison qui donne naissance à la plus grande quantité de chaleur dégagée qui se produira. Les corps formés avec un grand dégagement de chaleur sont donc difficiles à décomposer, ils sont dits très stables. Ceux, au contraire, formés avec absorption de chaleur sont peu stables, les plus légères influences peuvent amener leur décomposition qui peut alors se produire brusquement en dégageant la chaleur absorbée par leur formation, ce sont les corps explosifs.

Exemples : Le chlorure d'azote, corps éminemment explosif, détone en se décomposant en chlore et en azote et produit 316,4 calories par gramme. C'est qu'il n'avait pu se former qu'en absorbant cette même quantité de chaleur.

Les molécules d'un corps, pour se combiner avec celles d'un autre corps, doivent être libérées des forces qui les unissent les unes aux autres et qu'on appelle les forces de cohésion. Toute cause affaiblissant la cohésion favorisera les affinités d'un corps. Les corps liquides ou gazeux ont moins de cohésion que les solides, leurs affinités sont plus énergiques. La chaleur diminue la cohésion en écartant les molécules les unes des autres, elle favorise l'affinité. Enfin, nous remarquerons qu'aucune action chimique ne peut se produire entre deux corps s'ils ne sont pas en contact intime l'un avec l'autre au moins par quelques points de leur surface.

Dissociation : En général les corps qui se forment avec dégagement de chaleur (§ 4) se décomposent par la chaleur, mais il arrive souvent que cette décomposition n'est que partielle et limitée par la pression d'un élément gazeux résultant de sa décomposition. On dit alors que le corps se dissocie et le phénomène porte le nom de dissociation. Nous verrons plus loin que le carbonate de chaux résulte de la combinaison d'un gaz, l'acide carbonique, et de chaux, et que la formation de 50 grammes de ce composé est accompagnée du dégagement de 22 grandes calories. Si on soumet ce corps à une température constante de 860° (température de la vapeur de cadmium en ébullition) dans une enceinte fermée, il se dissocie jusqu'à ce que la pression du gaz atteigne 85 millimètres, ensuite elle s'arrête. S'il est soumis à une température constante de 1040° (température d'ébullition du zinc) la pression de l'acide carbonique atteint 520 millimètres, puis la décomposition s'arrête. On dit alors que la tension de dissociation du carbonate de chaux est 520 millimètres à 1040° et 85 millimètres à 860°.

Si le gaz s'échappe au fur et à mesure de sa production, la décomposition continue.

Il y a une grande analogie entre ces tensions de décomposition et les tensions maxima des vapeurs. De même qu'un poids donné d'eau se vaporise complètement à une température à laquelle sa tension maxima est faible si on laisse s'échapper les vapeurs formées, de même un poids donné d'un corps dissociable peut se décomposer complètement si on laisse s'échapper les produits volatils. Un courant d'air sec active l'évaporation, un courant de gaz étranger active la dissociation.

6. Analyse et synthèse. — L'analyse est l'opération par laquelle on décompose un corps composé dans le but de connaître sa composition. Elle peut être qualitative ou quantitative : qualitative lorsqu'on se contente de reconnaître les corps simples ou composés dont la combinaison constitue le corps analysé; quantitative, lorsque, poussant plus loin ses investigations, on veut savoir dans quelles proportions ces corps sont combinés dans le composé étudié. L'analyse est dite élémentaire lorsque la décomposition est assez complète pour que les corps qui en résultent soient tous des corps simples ou éléments simples.

La synthèse est l'opération inverse de l'analyse et peut lui servir de vérification. Elle consiste à trouver la composition d'un composé en combinant ensemble les éléments qui la constituent.

7. Classification des corps. — Les corps composés se divisent en : acides, bases, corps neutres et sels.

1° *Acides.* — On donne ce nom aux corps plus ou moins analogues au vinaigre, ces corps jouissent en général de la propriété de rougir la teinture de tournesol ; cependant quelques-uns d'entre eux ne possèdent pas cette propriété et sont rangés dans la catégorie des acides à cause de l'analogie de leurs propriétés avec celles d'un acide quelconque nettement défini par son action sur le tournesol. L'expérience apprend qu'il n'existe pas d'acide qui ne contienne pas d'hydrogène dans sa composition.

2° *Bases.* — Les bases ramènent au bleu la teinture de tournesol rougie par un acide ; on peut donc dire qu'elles ont au moins cette propriété contraire à celles des acides. Nous appellerons base tout corps jouissant de propriétés analogues à celles d'une base quelconque bien définie, bleuissant le tournesol rouge.

Les acides ont, en général, de puissantes affinités pour les bases. Nous pourrons donc dire qu'un corps qui se combine avec une base joue le rôle d'acide et qu'un corps qui se combine avec un acide joue le rôle de base.

3° *Corps neutres.* — On comprend sous cette dénomination tous les composés sans action sur le tournesol bleu ou rouge et qui, par leurs propriétés générales, ne sont ni acides ni basiques. Ils peuvent être obtenus par la combinaison d'un acide et d'une base.

4° *Sels*. — On désigne sous le nom de sels, bien que ce ne soit pas toujours leur mode de formation, le résultat de la substitution d'un corps simple métallique, tel que nous le définirons plus loin, à l'hydrogène dans un composé acide.

Les sels peuvent avoir des réactions neutres acides ou basiques.

8. Métalloïdes et métaux. — Les corps simples se divisent en métalloïdes et métaux, mais cette division n'a pas de caractères absolument tranchés; on peut passer d'un corps classé dans les métaux à un autre classé dans les métalloïdes par une série de corps simples dont les propriétés se modifient par degrés insensibles.

Nous dirons qu'un corps est métallique lorsque, combiné avec l'oxygène, il donnera au moins un composé basique et que l'ensemble de ses propriétés physiques le rapprochera d'un métal bien défini. Les métalloïdes forment, en se combinant avec l'oxygène, au moins un acide et leur aspect extérieur, en général, n'a pas l'éclat de celui des métaux. De plus, contrairement à ces derniers, pris en masse, ils ne sont pas, en général, bons conducteurs de la chaleur et de l'électricité.

9. Lois des poids et des proportions définies. — Le poids d'un composé est égal à la somme des poids des corps qui le composent. Ainsi un gramme de gaz hydrogène combiné à 8 grammes d'oxygène donne 9 grammes d'eau.

Cette loi qui paraît évidente par elle-même a été contestée pendant longtemps.

On peut encore dire que tout composé nettement défini est

toujours formé des mêmes éléments unis dans les mêmes proportions; ainsi, il n'existe nulle part d'eau qui ne soit pas formée d'hydrogène et d'oxygène combinés dans le rapport en poids de 1 d'hydrogène pour 9 d'oxygène.

10. Loi des proportions multiples. — Lorsque deux corps forment entre eux plusieurs composés définis mais différents, les poids de l'un d'eux qui, avec le même poids de l'autre, forment ces divers composés sont des multiples de l'un des premiers poids.

Exemples. — I. On connaît cinq combinaisons de l'azote et de l'oxygène. Prenons des poids de ces cinq composés contenant chacun 14 grammes d'azote, les poids d'oxygène correspondants sont : 8; $8 \times 2 = 16$; $8 \times 3 = 24$; $8 \times 4 = 32$ et $8 \times 5 = 40$.

II. — On connaît encore cinq combinaisons du chlore et de l'oxygène. Les poids de ces composés qui contiennent 35,5 grammes de chlore renferment 8; $8 \times 3 = 24$; $8 \times 4 = 32$, $8 \times 5 = 40$; $8 \times 7 = 56$ grammes d'oxygène.

11. Loi des nombres proportionnels et des équivalents. — La plupart des composés chimiques peuvent s'obtenir par la substitution d'un corps à un autre. Si, par exemple, à l'hydrogène, qui entre dans la composition de l'acide sulfurique, nous substituons du zinc, du fer, du cuivre, du mercure, etc., nous trouverons expérimentalement, quelle que soit la façon, directe ou indirecte, dont cette substitution s'est faite, qu'un gramme d'hydrogène a été remplacé soit par 33 grammes de zinc, par 28 grammes de fer, par 32 grammes de cuivre, par 100 grammes de mercure, etc.

L'expérience nous apprend en outre que lorsque ces métaux se substituent les uns aux autres dans les combinaisons qu'ils peuvent former avec un même corps, c'est toujours en poids dans le rapport des nombres que nous venons d'indiquer. Nous dirons que 28 grammes de fer équivalent à 33 grammes de zinc, à 32 grammes de cuivre, à 100 grammes de mercure.

Ces nombres représentent les poids de ces divers corps qui se combinent avec le même poids, 8 grammes d'oxygène, qui, à son tour, est le poids de ce gaz qui se combine avec 1 gramme d'hydrogène. Ces nombres s'appellent les poids équivalents ou simplement équivalents de ces corps. Nous dirons donc que les équivalents des corps simples sont les poids de ces corps qui se substituent les uns aux autres ou à un d'hydrogène, ou encore qui se combinent avec le poids équivalent de l'un d'entre eux.

L'expérience nous apprend en outre que 47 grammes de potasse, 31 grammes de soude, 40 grammes d'oxyde de cuivre, 36 grammes d'oxyde de fer sont les poids de ces bases, qui se combinent avec le même poids d'un acide quelconque, soit avec 40 grammes d'acide sulfurique ou 54 grammes d'acide azotique. On peut donc dire que les poids de ces diverses bases s'équivalent ou sont les équivalents de ces corps. De même nous dirons que 40 grammes d'acide sulfurique sont équivalents à 54 grammes d'acide azotique.

Remarquant que les équivalents des bases, mentionnés plus haut, sont tous égaux au nombre 8 (équivalent de l'oxygène) augmenté des nombres 39, 23, 32, 38, qui sont les équivalents des métaux qui entrent dans leur composition, nous dirons que l'équivalent d'un composé est la somme des équivalents des corps qui le composent. Cette dernière extension de la définition expérimentale des équivalents s'appliquera à tous les corps composés.

Il résulte de là que la loi des proportions multiples (§ 10) peut s'énoncer de la manière suivante : lorsque deux corps forment entre eux des composés divers, il entre dans chacun d'eux, pour un équivalent de l'un de ces corps, un multiple de l'équivalent de l'autre.

Ces multiples sont toujours des nombres simples.

12. Loi des volumes. — Au lieu de prendre en poids les rapports des quantités des corps qui se combinent entre eux, Gay-Lussac considéra les rapports des volumes gazeux et les compara entre eux et chacun d'eux au volume du composé à l'état de gaz dans les mêmes conditions de température et de pression. Il put ainsi formuler les lois suivantes:

1° Les volumes des gaz qui se combinent sont entre eux dans un rapport simple.

Ainsi 1 volume d'hydrogène se combine avec $\frac{1}{2}$ volume d'oxygène pour former de l'eau, ou 2 volumes de chlore pour former l'acide chlorhydrique, ou $\frac{1}{3}$ volume d'azote pour donner le gaz ammoniac.

2° Le volume du composé est dans un rapport simple avec les volumes des composants. Ce rapport est l'unité lorsque ces derniers sont égaux. Dans les autres cas, il y a toujours contraction, de $\frac{1}{3}$ lorsque les volumes des composants sont dans le rapport de 1 à 2, et de $\frac{1}{2}$ lorsque ce dernier rapport est celui de 1 à 3. Ainsi :

1 vol. de chlore $+$ 1 vol. d'hydrogène donnent 2 vol. d'acide chlorhydrique;

1 vol. d'oxygène $+$ 2 vol. d'hydrogène donnent 2 vol. de vapeur d'eau ;

1 vol. d'azote $+$ 3 vol. d'hydrogène donnent 2 vol. d'ammoniaque.

On appelle équivalent $V = \dfrac{v}{v_1}$ en volume d'un corps le rapport du volume v de son équivalent en poids e au volume v_1 de l'équivalent en poids 8 de l'oxygène. On a :

$$e = v \times 1{,}293 \times d$$
$$8 = v_1 \times 1{,}293 \times 1{,}1056.$$

en appelant d la densité du gaz et en remarquant que celle de l'oxygène est $1{,}1056$.

D'où

$$\frac{e}{8} = \frac{v}{v_1} \times \frac{d}{1{,}1056} = V \times \frac{d}{1{,}056}, \qquad (1)$$

ou :

$$0{,}1382\, e = V d.$$

Cette équation permettra de calculer la densité théorique d'un gaz dont on connaîtra expérimentalement les équivalents en poids e et en volume V.

Les densités théoriques sont toujours un peu plus faibles que celles qui ont été mesurées par expérience pour les vapeurs, ce qui tient à ce que ces corps se compriment plus que la loi de Mariotte ne l'indique.

13. Règles de la nomenclature. — Les règles de la nomenclature chimique ont pour but de donner à chaque corps un nom qui rappelle la composition et les principales propriétés de ce corps.

I. *Corps simples.* — La plupart des noms donnés aux corps simples sont très anciens, aucune règle n'a présidé à leur formation et à leur adoption. Pour les plus récemment découverts, le nom rappelle une de leurs propriétés et quelquefois celle qui les a fait découvrir.

II. *Acides.* — Les acides contiennent ou ne contiennent pas d'oxygène, mais ils renferment toujours de l'hydrogène.

Dans le premier cas ils sont appelés oxacides ; dans le second, hydracides.

1° *Oxacides.* — On les nomme en faisant suivre le mot acide d'un adjectif qualificatif formé du nom du corps simple, autre que l'oxygène et l'hydrogène, qui entre dans leur composition, terminé en *ique* ou en *eux,* suivant qu'ils sont plus ou moins oxygénés.

Les préfixes *hypo* et *per* ou *hyper* servent encore à les classer suivant leur richesse en oxygène. Exemples :

Acide hypochloreux, acide chloreux, acide hypochlorique, acide chlorique, acide perchlorique, désignent dans leur ordre d'oxygénation la série des acides dans lesquels entrent le chlore et l'oxygène.

Exceptions : On dit acides sulfurique et sulfureux au lieu d'acides soufrique et soufreux.

2° *Hydracides.* — On les nomme en faisant suivre le mot acide d'un adjectif qualificatif formé en faisant suivre le nom du corps simple, autre que l'hydrogène, entrant dans leur composition de la terminaison hydrique. Exemples : Acide chlorhydrique ; acide iodhydrique.

Exception : On dit acide sulfhydrique au lieu d'acide sou-frhydrique.

3° *Anhydrides.* — Aux oxacides se rattache une série de corps qui forment en se combinant avec l'eau des acides bien définis, ce sont les anhydrides. On les nomme en faisant suivre le mot anhydride de l'adjectif caractérisant l'oxacide qu'ils peuvent former avec l'eau. Exemples : Anhydride sulfurique, anhydride azotique.

III. *Bases.* — Les bases sont désignées sous le nom générique d'oxydes et sont nommées en faisant suivre ce mot du nom du métal combiné avec l'oxygène. Exemples : Oxyde d'argent, oxyde de fer. Pour caractériser leur degré d'oxygénation, on emploie quelquefois, comme pour les acides, les désinences *ique* et *eux*. Exemples : Oxyde cuivrique, oxyde cuivreux. Mais le plus souvent on a recours aux préfixes : *proto, sesqui, bi, tri, per*. Exemples : Protoxyde de fer, sesquioxyde de fer, bioxyde de cuivre.

L'usage a consacré quelques exceptions : On dit : eau, potasse, chaux, soude, magnésie, baryte, au lieu de : oxyde d'hydrogène, oxyde de potassium, oxyde de calcium, oxyde de sodium, oxyde de magnésium, oxyde de baryum.

IV. *Corps neutres.* — Nous les diviserons en corps neutres binaires, c'est-à-dire formés de deux éléments simples, et corps neutres ternaires, c'est-à-dire formés de trois éléments simples.

1° *Corps neutres binaires.* — Ils sont constitués par un métalloïde et un métal. On les nomme en faisant suivre le nom du métalloïde terminé en *ure* de celui du métal et en le précédant des préfixes *proto, sesqui, bi, tri, per* qui permettent de les classer suivant leur richesse en métalloïde. Exemples : Protosulfure de fer, sesquichlorure de fer, bichlorure de mercure. On emploie aussi quelquefois les terminaisons *ique* ou *eux*. Exemples : Sulfure cuivreux, sulfure cuivrique.

2° *Corps neutres ternaires.* — Ces corps peuvent être considérés comme formés par l'union d'un acide et d'une base. On les nomme en énonçant le qualificatif de l'acide dont on change la désinence *ique* en *ate* ou la désinence *eux* en *ite* et en faisant suivre le nom ainsi obtenu du nom de la base ou plus généralement du nom du métal de la base. Exemple : Sulfate de protoxyde de fer ou sulfate de fer, sulfate de potasse, azotite de potasse.

V. *Remarque.* — La classification des corps n'étant pas absolue, les règles de la nomenclature ne peuvent indiquer dans tous les cas les propriétés acides ou basiques. C'est ainsi qu'il existe des oxydes qui sont, par leurs propriétés, de véritables acides, d'autres des bases et enfin d'autres qui jouent, suivant les circonstances, le rôle d'acide ou celui de base.

14. Symboles et équations chimiques. — On est convenu de représenter les corps simples par un symbole qui est en général la première lettre de leur nom ou cette première lettre suivie d'une autre figurant dans ce nom. La lettre symbolique ou la première des deux lettres qui représente un corps simple doit toujours être majuscule. Ainsi: O, H, S, Cu, Fe, Cl désignent l'oxygène, l'hydrogène, le soufre, le cuivre, le fer, le chlore.

Nous conviendrons de représenter par ces symboles non seulement le corps, mais un poids déterminé de ce corps, celui de son équivalent.

L'unité de poids reste arbitraire, mais cette unité doit être la même dans le courant du même calcul pour tous les corps considérés.

Ainsi O, H, S représenteront en poids 8 d'oxygène, 1 d'hydrogène, 16 de soufre.

Le symbole d'un composé s'écrira en écrivant à la suite les uns des autres les symboles des corps simples qui le forment, en plaçant en haut et à droite de chacun d'eux un chiffre représentant le nombre d'équivalents du corps qui entrent dans la constitution du composé.

Le symbole d'un composé et une table d'équivalents nous permettent de connaître la composition quantitative de ce composé. Ainsi : le sulfate de fer a pour symbole SO^4Fe ; il est donc composé de :

$$
\begin{aligned}
1 \text{ équivalent de soufre.} \ldots \ldots & \quad 16 \times 1 = 16 \\
4 \text{ équivalents d'oxygène.} \ldots & \quad 8 \times 4 = 32 \\
1 \text{ équivalent de fer.} \ldots \ldots & \quad 28 \times 1 = 28 \\
\hline
\text{Poids de l'équivalent de sulfate de fer.} & \quad = \overline{76}
\end{aligned}
$$

Les règles de trois nous permettent de passer de là à la composition centésimale de ce corps.

Inversement, étant donnée la composition qualitative et quantitative d'un composé, on peut en trouver le symbole.

Exemple numérique. — On a analysé un poids de 20 grammes d'azotate de potasse et on a trouvé les résultats suivants :

2,772 grammes d'azote.   Symbole : Az.   Équivalent 14.
9,505   —   d'oxygène.   Symbole : O.   Équivalent 8.
7,723   —   de potassium. Symbole : K.   Équivalent 39.

Le symbole de l'azotate de potasse est donc :

$$Az^x \, O^y \, K^z.$$

Il faut déterminer x, y, z. Les poids des divers corps simples qui entrent dans la constitution de ce corps sont donc 14 x, 8 y, 39 z, on doit donc avoir :

$$\frac{14x}{2,772} = \frac{8y}{9,505} = \frac{39z}{7,723}.$$

Il suffit de trouver pour x, y, z trois nombres proportionnels à :

$$\frac{2,772}{14}, \qquad \frac{9,505}{8}, \qquad \frac{7,723}{39},$$

ou en simplifiant à 1, 6, 1.

Le symbole de l'azotate de potasse sera donc de la forme : $A^x \, O^{6x} \, K^x$ et le poids de son équivalent sera $14\,x + 8 + 6\,x + 39\,x = 101\,x$. Pour avoir x, on prendra le poids de ce corps qui contient un équivalent de potassium ou d'azote, ce qui revient à donner à x la plus petite valeur entière qu'il puisse avoir. Le symbole de l'azotate de potasse sera donc : AzO^6K.

On peut, du reste, grouper comme on l'entend les différentes lettres qui entrent dans un symbole, car l'ordre dans lequel elles sont placées ne préjuge rien sur l'arrangement moléculaire des corps constituants. Ainsi, au lieu d'écrire AzO^5K, on peut écrire AzO^5KO, ce qui montre ce corps comme constitué par l'anhydride azotique et la potasse.

La notation précédente nous permet de représenter les réactions chimiques sous forme d'équations. Ainsi l'expérience indique que lorsqu'on met du zinc dans l'acide sulfurique, il y a un dégagement d'hydrogène et formation de sulfate de zinc ; en résumé, ce métal s'est substitué à l'hydrogène dans l'acide sulfurique. Cette réaction se représentera ainsi :

$$\text{Acide sulfurique} + \text{Zinc} = \text{Sulfate de zinc} + \text{Hydrogène}$$
$$SO^4H \quad + \quad Zn = \quad SO^4Zn \quad + \quad H \quad (1)$$

Ces équations donnent les poids relatifs des diverses substances qui concourent à la réaction et permettent de résoudre divers problèmes importants.

Exemple numérique. — On veut gonfler un ballon de 100 mètres cubes avec de l'hydrogène. La pression est 76 centimètres, la température 10°, la tension maxima de la vapeur d'eau à 10° est 0,916 centimètre. On demande quels sont les poids de zinc et d'acide sulfurique qu'il faut employer et quel sera le poids de sulfate de zinc qui résultera de cette opération.

La réaction chimique qu'il faut produire est représentée par l'équation (1); mais nous verrons plus loin que l'hydrogène préparé de cette manière est saturé, de sorte que sa pression propre dans ce ballon sera $76 - 0,916 = 75,084$. Le poids d'hydrogène, dont la densité est 0,0692, sera donc (*Physique*, § 72) :

$$\pi = \frac{75,084 \times 100 \times 0,0692}{0,215 \times (273 + 10)} = 8,5394 \text{ kilogrammes.}$$

Le poids équivalent :

de l'acide sulfurique, SO^4H est $16 + 8 \times 4 + 1 = 49$
du zinc, Zn est   33
du sulfate de zinc, SO^4Zn est $16 + 8 \times 4 + 33 = 81$
de l'hydrogène, H est   1

L'équation (1) montre donc que pour obtenir 1 kilogramme d'hydrogène il faudra 49 kilogrammes d'acide sulfurique, 33 kilogrammes de zinc et qu'on recueillera 81 kilogrammes de sulfate de zinc. Pour avoir 8,5394 kilogrammes d'hydrogène il faudra donc employer :

$$49 \times 8,5394 = 418,43 \text{ kilogrammes d'acide sulfurique,}$$
$$33 \times 8,5394 = 281,80 \text{ kilogrammes de zinc;}$$

et on pourra recueillir :

$$81 \times 8,5394 = 691,70 \text{ kilogrammes de sulfate de zinc.}$$

15. Propriétés des corps. — Les propriétés des corps se divisent en propriétés physiques, chimiques et organoleptiques.

1° Les propriétés physiques d'un corps sont celles qui consistent dans la description de son aspect extérieur et de tous les phénomènes qu'il peut produire sans que sa nature intime soit altérée ;

2° Les propriétés chimiques sont celles en vertu desquelles il peut agir chimiquement sur les autres composés ; elles sont représentées par ses diverses affinités et les circonstances qui les modifient ;

3° Les propriétés organoleptiques sont les causes, souvent inconnues, des influences exercées par les corps sur les organes intérieurs ou extérieurs des êtres vivants.

Dans ce qui suit, nous ne parlerons que des corps les plus importants et nous ne mentionnerons que leurs propriétés principales.

OXYGÈNE. — O.

Équivalent en poids. 8
Équivalent en volume. 1

16. Propriétés physiques. — Gazeux à la température ordinaire, l'oxygène est liquéfiable à — 130° sous la pression de 273 atmosphères ou à — 140° sous la pression de 252 atmosphères. L'eau en dissout $\frac{1}{20}$ de son volume. Très répandu dans la nature; à l'état libre dans l'air, qui en contient $\frac{1}{5}$ de son volume; à l'état de combinaison : avec l'hydrogène dans l'eau, qui en contient $\frac{8}{9}$ de son poids, avec des métaux divers dans les minerais contenant des oxydes et des oxacides métalliques. Densité 1,1056.

17. Propriétés chimiques. — L'oxygène se combine lentement ou rapidement avec la plupart des corps connus. Ces combinaisons portent plus spécialement le nom de combustions, d'où les combustions lentes et les combustions vives. Ces dernières sont accompagnées généralement de la chaleur et de la lumière dont nous nous servons pour nous éclairer et nous chauffer. La combustion de la houille, du bois dans nos foyers est une combinaison du charbon et de certains autres corps que renferment ces matières avec l'oxygène de l'air. Les corps qui peuvent se prêter aux combustions vives sont dits combustibles et l'oxygène est dit comburant.

La rouille qui couvre le fer abandonné dans l'air humide est le résultat d'une combustion lente. L'hydrogène, le charbon, le phosphore, le soufre et certains métaux, comme le potassium, le sodium, le zinc, le fer, sont combustibles à des degrés divers et donnent naissance à des produits acides ou basiques.

Les chaleurs dégagées par la combustion complète de ces différentes substances permet de les ranger par ordre de combustibilité.

18. Préparation. — Dans les laboratoires on prépare l'oxygène en décomposant par la chaleur soit le bioxyde de manganèse, soit le chlorate de potasse.

Le bioxyde de manganèse perd, sous l'influence de la chaleur, le tiers de son oxygène suivant l'équation :

$$3\,(MnO^2) = Mn^3O^4 + O^2.$$

En ajoutant de l'acide sulfurique, la décomposition est plus complète, on peut recueillir la moitié de l'oxygène contenu dans le bioxyde de manganèse :

$$SO^4H + MnO^2 = SO^4Mn + HO + O.$$

Le chlorate de potasse perd la totalité de son oxygène et donne du chlorure de potassium comme résidu :

$$ClO^6K = ClK + O^6.$$

Ce dernier procédé donne un gaz plus pur :
Les matières à décomposer sont placées dans un ballon ou

dans une cornue de verre ou de terre, suivant la température
à atteindre, disposées au-dessus d'un fourneau. La figure 1
montre la disposition générale employée pour recueillir les

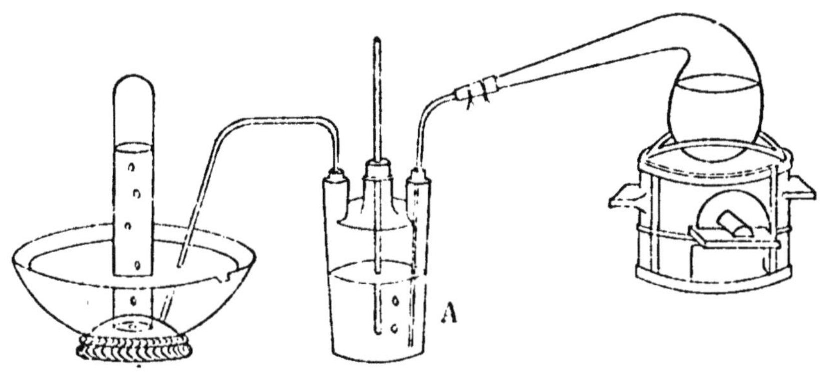

Fig. 1.

gaz. Le gaz arrive dans un flacon laveur A, contenant soit de
l'eau, soit un liquide absorbant les impuretés qu'il peut contenir.

Il se rend ensuite sous une éprouvette préalablement remplie d'eau et retournée sur une cuve à eau. Cette eau est
maintenue dans l'éprouvette par la pression atmosphérique.
Les bulles de gaz arrivant à la partie supérieure chassent peu
à peu cette eau et finissent par remplir l'éprouvette.

Le gaz ainsi obtenu est humide. Si on veut du gaz sec, on
remplace l'eau par le mercure et le liquide du flacon laveur est
un liquide desséchant comme de l'acide sulfurique concentré.

19. Usages. — L'oxygène entretient la combustion ordinaire qui devient très active lorsqu'il est débarrassé de l'azote
avec lequel il est mélangé dans l'air. Il entretient aussi la
respiration, véritable combustion des éléments carbone et
hydrogène qui entrent dans la composition de nos organes.

La preuve en est dans ce fait que les produits de la respiration sont composés en grande partie de vapeur d'eau et d'acide carbonique, combinaisons de l'hydrogène et du carbone avec l'oxygène.

HYDROGÈNE. — H.

Équivalent en poids. 1
Équivalent en volume. 2

20. Propriétés physiques. — L'hydrogène, le plus difficilement liquéfiable de tous les gaz, est aussi le plus léger, sa densité est 0,0692. Insoluble dans l'eau. Ce dernier liquide en contient $\frac{1}{9}$ de son poids. Sa grande légèreté explique pourquoi il traverse très facilement les parois poreuses et la difficulté qu'on éprouve à le conserver dans des flacons bouchés, si ces flacons ne sont pas retournés sur de l'eau de manière à les fermer hydrauliquement.

21. Propriétés chimiques. — La propriété caractéristique de ce gaz est de dégager beaucoup de chaleur (29,5 grandes calories par gramme) en se combinant avec l'oxygène; il a donc pour ce gaz une puissante affinité. Mélangés, l'oxygène et l'hydrogène sont dans un état d'équilibre instable; les causes les plus diverses peuvent provoquer leur combinaison qui se fait alors avec explosion. L'approche d'une allumette enflammée, la présence de certains corps très divisés provoquent cette explosion. Un courant d'hydrogène qui sort d'un tube s'allume au contact d'une flamme et brûle avec une flamme très pâle, mais à une température élevée.

Il résulte de cette grande affinité de l'hydrogène pour l'oxygène qu'il tendra à décomposer tous les corps oxygénés pour s'emparer de leur oxygène.

C'est ainsi que les oxydes de fer, de cuivre soumis à un courant d'hydrogène à chaud, *se réduisent,* c'est-à-dire perdent leur oxygène et donnent comme résidu du fer et du cuivre. Aussi l'hydrogène est considéré comme un puissant réducteur.

22. Préparation. — La préparation la plus ordinaire de l'hydrogène consiste à profiter de la propriété que possèdent le fer, le zinc, de décomposer l'eau à froid en présence d'un acide, l'acide sulfurique, par exemple, suivant l'équation :

$$SO^3HO + Zn = SO^3ZnO + H,$$

ou :

$$SO^3HO + Fe = SO^3FeO + H.$$

On a donc pour résidu du sulfate de zinc ou du sulfate de fer. Ces réactions se produisent à froid, sans l'intervention d'une énergie étrangère, ce qui est dû à ce qu'elles sont accompagnées d'un dégagement de chaleur, fait que l'on peut constater par l'élévation de température du flacon dans lequel se fait l'opération. Cette chaleur est la différence entre les chaleurs produites par la formation, depuis ses éléments simples, de l'acide sulfurique dissous dans l'eau et la chaleur de formation, depuis ses éléments simples, du sulfate de zinc dissous dans l'eau. Les expériences calorimétriques donnent 99,6 et 153,2 grandes calories pour ces deux chaleurs correspondantes à un équivalent de chaque corps. La quantité de chaleur dégagée dans l'appareil sera donc 153,2 — 99,6 = 53,7 calories par gramme d'hydrogène recueilli.

23. Usages. — La haute température développée par la combustion de l'hydrogène dans l'oxygène est mise à profit dans le chalumeau oxhydrique (fig. 2). L'hydrogène est amené par le tube à robinet H dans le réservoir A et est enflammé dans l'air à l'orifice B.

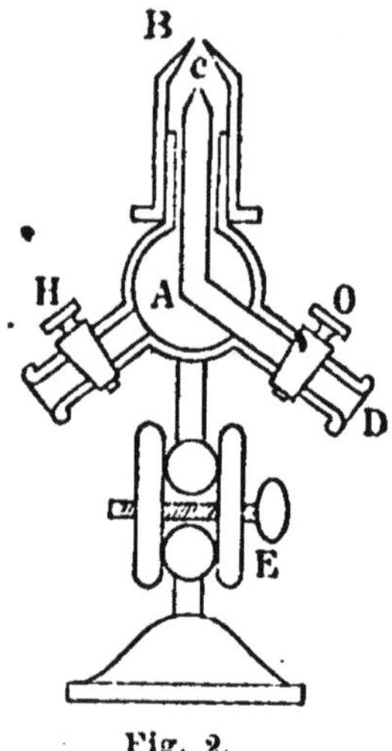

Fig. 2.

On introduit par le tube à robinet O, l'oxygène qui, lancé en *c*, au milieu de la flamme de l'hydrogène, lui donne une forme pointue et une température que l'on peut évaluer à au moins 2,000 degrés.

Le tout est monté sur un pied articulé E qui permet de donner à l'appareil toutes les positions désirables.

La grande légèreté de l'hydrogène permet d'employer ce gaz au gonflement des aérostats.

EAU. — HO.

$$\text{Équivalent en poids. . . . . . } 9$$
$$\text{Équivalent en volume. . . . . } 2$$

24. Propriétés physiques. — Ces propriétés ont été indiquées à divers endroits du cours de physique (§§ 14, 32, 91, 92, 97) ; nous n'y reviendrons pas.

25. Composition de l'eau. — L'eau est formée en poids de 1 gramme d'hydrogène et 8 grammes d'oxygène. En volume : 2 volumes d'hydrogène et 1 volume d'oxygène donnent 2 volumes de vapeur d'eau. On peut vérifier ces assertions soit par synthèse soit par analyse.

I. *Synthèse de l'eau.* — On peut la faire en volumes et en poids.

1° *Synthèse en volumes.* — Dans un tube divisé en centimètres cubes, plein de mercure et reposant sur le mercure, on met 100 centimètres cubes d'oxygène et 100 centimètres cubes d'hydrogène ; on provoque la combinaison au moyen d'une étincelle électrique, l'eau se forme et il reste 50 volumes d'un gaz qu'on reconnaît pour être de l'oxygène pur. Donc 100 centimètres cubes d'hydrogène se sont combinés avec 50 centimètres cubes d'oxygène pour former (§ 12) 100 centimètres cubes de vapeur d'eau. Cette conclusion est vérifiée par ce fait que l'équation (1) du § 12 donne la valeur 0,623 pour densité de l'eau en vapeur quand on fait dans cette formule $e = 9$ et $V = 2$.

2° *Synthèse en poids.* — On fait passer dans un ballon contenant un poids connu P d'oxyde cuivre chauffé un courant d'hydrogène sec et pur. L'oxyde est réduit et l'hydrogène se transforme en eau que l'on recueille et que l'on pèse ; soit p son poids. L'oxyde de cuivre a subi une diminution de poids p' due à l'oxygène disparu. Cette expérience apprend qu'un poids p d'eau est formé du poids p' d'oxygène et du poids $p - p'$ d'hydrogène.

Nous ne décrirons pas ici les précautions minutieuses que M. Dumas, qui a imaginé cette méthode, a prises pour obtenir un courant d'hydrogène sec et pur, nous nous contenterons de dire que le courant d'hydrogène et de vapeur d'eau formée traversait une série de tubes en forme d'U remplis de fragments de pierre ponce imprégnés d'acide sulfurique concentré. Cette substance retenait l'eau formée. L'augmentation de poids de ces tubes n'était autre que le poids p.

II. *Analyse de l'eau.* — Cette opération se fait en faisant passer un poids connu P de vapeur d'eau sur du fer porté au rouge. Dans ces conditions, le fer s'oxyde en fixant l'oxygène de l'eau et l'hydrogène se dégage. L'augmentation p du poids du fer donne le poids d'oxygène qui entrait dans la composition du poids P d'eau qui contenait alors $P - p$ d'hydrogène. On trouve une vérification de l'expérience en mesurant le volume de l'hydrogène recueilli et en calculant son poids (*Physique,* § 72) qui doit être égal à $P - p$.

26. Propriétés chimiques de l'eau. — L'eau joue le rôle d'acide vis-à-vis des bases et de base vis-à-vis des acides : si on mélange de l'acide sulfurique concentré avec de l'eau, il y a une véritable combinaison dégageant 3 grandes calories par équivalent en grammes; si on mélange de l'eau et de la chaux, il y a combinaison et dégagement de 9 calories par équivalent. L'eau est un corps indifférent.

L'eau est décomposée par la chaleur; à froid par certains métaux : le potassium, le sodium; à froid, en présence d'un acide, par le zinc et le fer ; à chaud par le charbon et le fer.

Le fer décompose lentement l'eau à froid, avec dégagement d'hydrogène, ce qui explique les explosions qu'on a quelquefois constatées en approchant une lumière de l'ouverture de caisses en fer ayant contenu de l'eau pendant longtemps.

27. Eaux potables. — L'eau dissolvant un très grand nombre de corps, les eaux naturelles doivent avoir une composition très variable suivant les terrains qu'elles traversent. Leurs propriétés, surtout leurs propriétés hygiéniques, sont donc très différentes.

Pour qu'une eau soit potable, il faut qu'elle soit limpide, incolore, inodore, aérée, exempte de matières organiques ;

elle doit dissoudre le savon, ne pas donner, par évaporation, un résidu solide dépassant 0^{gr},50 par litre. Certains réactifs permettent d'apprécier les qualités de l'eau :

1° Un précipité un peu abondant lorsqu'on verse dans l'eau une dissolution de chlorure de baryum indique une trop grande quantité de sulfate de chaux. Cette eau, dite sélénitcuse, ne dissout pas le savon et ne cuit pas les légumes. On peut la corriger en l'additionnant de carbonate de soude, de potasse ou d'un peu de cendres, mais elle est impropre à l'alimentation ;

2° L'azotate d'argent dissous donne un précipité brunissant à la lumière dans une eau chargée de chlorure de sodium, sel de cuisine ;

3° L'oxalate d'ammoniaque indique, par un précipité blanc, la présence de composés calcaires ;

4° Le chlorure d'or bouilli avec une eau chargée de matières organiques se trouble et reste limpide avec l'eau pure.

28. Purification de l'eau. — On peut débarrasser l'eau des matières qu'elle tient en suspension par un filtrage à travers du charbon (filtres ordinaires) ou mieux à travers une terre poreuse (filtres Pasteur). Mais on ne peut la débarrasser des matières dissoutes que par distillation. L'eau à distiller est chauffée jusqu'à ébullition et les vapeurs sont conduites dans un tube enroulé en spirale et plongé dans de l'eau constamment refroidie ; elles se condensent et sont recueillies liquides à l'extrémité de ce tube (serpentin). L'eau distillée a besoin d'être aérée avant d'être considérée comme hygiénique, car l'ébullition lui a enlevé l'air qu'elle contenait.

Les eaux de pluie qui n'ont pas passé sur les toits sont les plus pures. Elles conservent leurs propriétés hygiéniques lorsqu'elles sont conservées dans des citernes placées loin des lieux d'infection et construites avec des matériaux insolubles dans l'eau. Les eaux de source et de rivière sont plus impures et ont une constitution variable avec la nature des terrains avec lesquels elles sont en contact. Enfin l'eau de mer est complètement impropre à l'alimentation ; elle laisse par évaporation un résidu solide de 32 à 44 grammes. Ce résidu est composé de diverses matières salines parmi lesquelles domine le sel marin ordinaire.

———

AZOTE. — Az.

Équivalent en poids. 14
Équivalent en volume. 2

29. Propriétés physiques. — Corps gazeux, incolore, inodore, densité 0,97. L'air en contient les $\frac{4}{5}$ de son volume. L'eau en dissout $\frac{1}{30}$.

30. Propriétés chimiques. — L'azote ne se combine presque jamais directement avec les corps usuels. Cependant les pluies d'orage contiennent en petite quantité des combinaisons oxygénées et hydrogénées de ce gaz. Ayant peu d'affinités, les composés qu'il forme doivent être et sont peu stables. Ce gaz ne peut entretenir ni la combustion ni la respiration.

31. Préparations. — On peut le retirer de l'air atmosphérique en absorbant l'oxygène que ce gaz contient. Il est commode de prendre comme absorbant le phosphore que l'on allume sous une cloche, qui limite le volume d'air dans lequel il brûle, parce que le phosphore forme un composé solide, l'acide phosphorique, qui se sépare facilement du gaz azote. On peut encore absorber l'oxygène de l'air en faisant passer un courant d'air sur du cuivre chauffé au rouge qui, en s'oxydant, ne laisse passer que l'azote, que l'on recueille à la façon ordinaire.

On se procurera de l'azote plus pur en décomposant, dans l'appareil représenté figure 1, de l'azotate d'ammoniaque suivant la formule :

$$AzO^4 (AzH^4) = 4 HO + 2 Az.$$

AIR ATMOSPHÉRIQUE.

32. Constitution de l'atmosphère. — L'air atmosphé-rique est un mélange d'azote $\frac{4}{5}$ et d'oxygène $\frac{1}{5}$ en volumes ou plus exactement 0,79 d'azote et 0,21 d'oxygène. Ce n'est point une combinaison de ces deux gaz; on peut en donner les preuves suivantes :

1° La densité de l'air, 1, s'obtient en ajoutant aux 0,79 de celle 0,972 de l'azote, 0,21 de celle 1,1056 de l'oxygène, ce qui n'aurait pas lieu si l'air était un mélange; car, d'après la loi des volumes (§ 12), il y aurait contraction, les volumes des gaz constituants n'étant pas égaux ;

2° La composition de l'air dissous dans l'eau n'est pas la même que celle de l'air ordinaire. Les volumes d'azote et d'oxygène, dans l'air dissous, sont dans le rapport de leur coefficient de solubilité $\frac{1}{20}$ et $\frac{1}{20}$; cet air contient donc en volumes $\frac{2}{5}$ d'azote et $\frac{3}{5}$ d'oxygène. Ce fait montre que ces gaz se dissolvent individuellement et non ensemble, comme cela aurait lieu s'ils étaient combinés.

3° En poids l'air contient $0,972 \times 0,79 = 0,77$ d'azote et $1,1056 \times 0,21 = 0,23$ d'oxygène. Si nous admettions que c'est une combinaison et si nous cherchions son symbole, en suivant la marche indiquée au § 13, nous trouverions $Az^{15}O^{19}$, résultat incompatible avec la simplicité des nombres qui multiplient les équivalents dans tous les autres symboles.

L'air contient en outre de l'acide carbonique en quantité très petite et de la vapeur d'eau en quantité variable.

33. Analyse de l'air. — Cette opération se fait par bien des procédés différents qui consistent tous à absorber l'oxygène d'un volume ou d'un poids déterminé d'air sec et pur, à calculer ou à peser l'oxygène absorbé, l'azote étant dosé par différence :

1° Sous une cloche graduée, reposant sur le mercure et contenant 100 centimètres cubes d'air, on introduit un bâton de phosphore qui absorbe peu à peu l'oxygène. Le mercure monte peu à peu dans la cloche et finit par rester stationnaire. L'oxygène est entièrement absorbé; il ne reste plus que l'azote, dont on peut mesurer le volume.

Au lieu de laisser l'opération se produire à froid, on peut la hâter en faisant chauffer le phosphore. On se sert alors d'un tube de verre dont la partie supérieure est recourbée horizontalement et contient un fragment de phosphore. L'expérience est, du reste, la même que la précédente.

2° Au lieu d'absorber l'oxygène avec du phosphore, on

peut avoir recours à l'hydrogène, également avide d'oxygène. On renferme sous une cloche graduée 100 centimètres cube d'air et 100 centimètres cubes d'hydrogène, que nous enflammons; il reste un résidu gazeux de 137 centimètres cubes qui ne contiennent plus d'oxygène; donc 63 centimètres cubes ont disparu à l'état de vapeur d'eau. La composition de l'eau est connue et indique qu'il y avait dans les 100 centimètres cubes d'air 21 centimètres cubes d'oxygène et, par différence, 79 centimètres cubes d'azote.

3° M. Dumas fait passer un courant d'air sec et pur sur de la tournure de cuivre, qui s'oxyde en absorbant un poids d'oxygène donné par l'augmentation de poids du cuivre. L'azote provenant de cet air dépouillé de son oxygène est recueilli dans un ballon préalablement vide et pesé.

La moyenne de ces expériences donne pour la composition de l'air :

	EN POIDS.	EN VOLUMES.	
Azote . .	77	79	ou approximativement $\frac{4}{5}$ d'azote
Oxygène .	23	21	et $\frac{1}{5}$ d'oxygène.
	100	100	

34. Dosage de l'acide carbonique.

— On fait passer un volume d'air connu V dans des tubes en U, garnis de fragments de potasse qui retiennent l'acide carbonique. L'augmentation de poids de ces tubes égale le poids d'acide carbonique contenu dans le volume V.

35. Dosage de la vapeur d'eau.

— Se fait par des procédés hygrométriques (*Physique,* § 112) ou par la même méthode que l'acide carbonique en remplaçant dans les tubes en U la potasse par des fragments de pierre ponce imprégnés d'acide sulfurique concentré ou des fragments de chlorure de calcium.

36. Propriétés physiques et chimiques de l'air. —
Ces propriétés sont celles de l'oxygène, mais atténuées par les propriétés contraires de l'azote.

37. Propriétés physiologiques. — L'air entretient la
respiration et la combustion, pourvu qu'il soit assez pur ; ainsi l'air d'un appartement clos dans lequel ont respiré un certain nombre d'êtres vivants et où l'on a produit des combustions pour l'éclairage peut ne plus contenir une quantité suffisante d'oxygène qui a été peu à peu remplacé par des composés divers de carbone, d'hydrogène et d'oxygène. D'où la nécessité de renouveler cet air des salles habitées par une ventilation suffisante.

L'air n'agit pas de la même manière sur nos organes suivant la pression à laquelle il se trouve ; sous une pression faible, le sang ne peut dissoudre l'oxygène en quantité suffisante, d'où un malaise.

Dans une atmosphère d'oxygène pur, la raréfaction peut être poussée beaucoup plus loin, sans trop d'inconvénients, que dans l'atmosphère ordinaire. Cette remarque motive la précaution prise par les aéronautes de se munir d'une provision d'oxygène.

Dans l'air comprimé, le sang dissout une quantité d'oxygène trop grande, d'où le danger qu'il y aurait à revenir brusquement à la pression normale. Les accidents possibles surviennent beaucoup plus rapidement dans un air riche en oxygène que dans l'air ordinaire ou appauvri en oxygène.

L'expérience montre que le séjour dans l'air des cloches à plongeur, qui est comprimé à 2 ou 3 atmosphères, est sans dangers si l'on observe toutes les prescriptions connues au sujet des précautions à prendre.

COMPOSÉS OXYGÉNÉS DE L'AZOTE.

38. Remarque. — Les composés oxygénés de l'azote sont au nombre de cinq. Nous ne nous occuperons que très sommairement des quatre moins oxygénés dont l'importance usuelle est petite, mais nous étudierons avec un peu plus de détails le cinquième, l'acide azotique.

39. 1° *Protoxyde d'azote.* — Gaz incolore, inodore, liqué-fiable à — 87°, soluble dans l'eau qui en dissout son volume. Se rapproche de l'oxygène par ses propriétés chimiques et constitue un agent anesthésique, ce qui le fait employer dans certaines opérations chirurgicales. Se prépare en décomposant par la chaleur, dans l'appareil de la figure 1, une certaine quantité d'azotate d'ammoniaque suivant la formule :

$$AzO^6 \, (AzH^4) = 4\,(HO) + 2\,AzO.$$

Symbole : AzO ; équivalents en poids : 22, en volume : 2 ; donc (Éq. 1, § 12), sa densité est 1,52.

2° *Bioxyde d'azote.* — Gaz incolore, odeur inconnue, car au contact de l'air ou de l'oxygène, il se transforme en peroxyde d'azote AzO^4, difficilement liquéfiable. Entretient vivement la combustion à la façon de l'oxygène lorsque le corps est fortement incandescent avant d'y être plongé.

Le bioxyde d'azote se prépare à froid par l'action de
l'acide azotique étendu sur la tournure de certains métaux.
On emploie surtout le cuivre et la réaction est alors représentée par l'équation suivante :

$$4 \ (AzO^6H) + 3 \ Cu = 3 \ (AzO^6Cu) + 4 \ HO + AzO^2.$$

Symbole : AzO^2 ; équivalent en poids ; 30 ; équivalent en
volume : 4 ; donc densité $= 1,039$.

3° *Acide azoteux.* — Ce corps, difficile à obtenir en faisant agir à basse température un volume d'oxygène sur 4 volumes de bioxyde d'azote, est un liquide bleu bouillant à 0°
et d'une très grande instabilité. Il est plus connu par les combinaisons qu'il forme avec les bases, les azotites.

Symbole : AzO^3 ; Équivalent en poids : 38.

4° *Peroxyde d'azote.* AzO^4. — Ce corps est souvent appelé
acide hypoazotique, bien qu'il ne se comporte pas comme
un acide, car en présence des bases il se dédouble et donne
naissance à un azotate et à un azotite :

$$2 \ (AzO^4) + 2KO = AzO^5K + AzO^4K.$$

Il est solide à — 9° et se présente sous la forme d'une
masse fibreuse blanche, devient un liquide jaune à la couleur
de plus en plus foncée, à mesure que la température s'élève,
bout à 22° en donnant une vapeur rouge-brun foncé.

On obtient le peroxyde d'azote en décomposant par la
chaleur certains azotates, notamment celui de plomb, bien
desséchés. On recueille les produits de la décomposition dans
un tube en U plongé dans un mélange réfrigérant où ce corps
se condense.

Le peroxyde d'azote partage avec d'autres corps la propriété de se substituer à l'hydrogène, jouant ainsi le rôle de

corps simple. Il est un des types de ce genre de composés qu'on appelle des radicaux composés.

40. Acides azotiques. — L'azote forme avec l'oxygène le composé AzO^5, anhydride azotique. Les acides azotiques peuvent être considérés comme des combinaisons de l'anhydride avec une plus ou moins grande quantité d'eau, bien que pour les obtenir on n'ait jamais recours à ce corps qui est d'une préparation difficile et d'une instabilité très grande.

1° *Acide azotique monohydraté.* — AzO^5HO ou AzO^6H. — Cet acide est un liquide bouillant à 86° et se solidifiant à — 49°; de densité 1,52, généralement coloré en jaune par la présence en dissolution de vapeurs de peroxyde d'azote, très corrosif. Il fume à l'air parce qu'il forme avec l'humidité de l'atmosphère un hydrate dont la tension maxima de vapeur est très faible.

Cet acide azotique est instable et riche en oxygène, ce sera donc un corps oxydant ou comburant. Il résulte de là qu'il brûlera les corps comme le soufre, le phosphore, le charbon, qui sont très combustibles et les transformera en acides sulfurique, phosphorique et carbonique. Il attaquera aussi les métaux qui ont assez d'affinité pour l'oxygène. Tous sont dans ce cas, sauf l'or et le platine. Quelques-uns d'entre eux forment des oxydes acides comme l'étain, mais la plupart comme le cuivre (§ 39 — 2°) passent à l'état d'azotates. Le fer présente cette particularité curieuse que, plongé dans l'acide concentré, il n'est point attaqué, à moins qu'on ne le touche avec un fil de cuivre ou d'argent; tandis qu'il est attaqué immédiatement par l'acide étendu. Il y a plus, le fer immergé dans l'acide concentré est devenu inattaquable par l'acide étendu. Il est dit passif.

L'action de l'acide azotique concentré sur certaines matières

organiques hydrogénées est importante; il se décompose
suivant la formule :

$$AzO^6H = AzO^4 + HO + O.$$

Le radical AzO^4 (§ 39 — 4°) se substitue à un équivalent
d'hydrogène qui, devenant libre, forme de l'eau avec l'oxygène et cette réaction se répète pour chaque équivalent d'acide
employé. Prenons comme exemple l'action de l'acide azotique
sur le coton; on peut obtenir, suivant les quantités d'acide
intervenant, des réactions diverses parmi lesquelles la plus
importante est la suivante :

$$\frac{C^{12}H^{10}O^{10}}{\text{coton}} + 3\,(AzO^6H) = \frac{C^{12}H^7\,(AzO^4)^3\,O^{10}}{\text{fulmi-coton}} + 6\,(HO).$$

Les composés ainsi obtenus sont en général explosifs.

2° *Acide azotique quadrihydraté.* AzO^5, $4HO$. — Ce liquide
présente, mais à un moindre degré, les propriétés du précédent; il constitue une combinaison bien définie, car il bout
à une température constante de 123°. Sa densité est 1,42.

Les acides du commerce ont des densités variant de 1,33
à 1,26 et marquent de 36 à 30 degrés à l'aréomètre Baumé.
(*Physique*, § 32 — *b.*)

41. Préparation. — L'azotate de potasse chauffé avec l'a-
cide sulfurique concentré se transforme en bisulfate de potasse
qui reste dans la cornue où se fait l'opération et en vapeurs
d'acide azotique que l'on amène dans un ballon refroidi où
elles se condensent.

$$2\,(SO^4H) + AzO^6K = (2SO^3, HO, KO) + AzO^6H.$$

Dans l'industrie, on préfère employer l'azotate de soude
qui a un prix moins élevé et donne, à poids égal, une plus

grande quantité d'acide. La réaction est la même, mais l'équivalent du sodium est 23, celui du potassium 31. L'opération se fait dans de grands cylindres de fonte et les vapeurs acides viennent se condenser dans de grands vases (bonbonnes) en grès.

42. Usages. — Les usages de l'acide azotique sont nombreux. C'est un oxydant énergique, il est employé (eau-forte) dans la gravure sur métaux, dans la préparation de l'acide sulfurique et dans celle de certaines matières explosives.

AMMONIAQUE. — AzH^3.

Équivalent en poids. 17
Équivalent en volume. . . . 4

43. Origine des composés ammoniacaux. — Une grande quantité de matières organiques azotées fournissent par leur décomposition ou leur fermentation des sels à acides divers, acides chlorhydrique, sulfhydrique, carbonique, et qui, traités par une base fixe et puissante comme la chaux, dégagent un gaz auquel l'analyse a désigné la composition représentée par le symbole AzH^3 qu'on appelle ammoniaque ou alcali volatil. Ces divers sels forment le groupe des sels ammoniacaux. En raison de la composition de ces sels, indiquée par l'expérience, on peut admettre qu'ils sont formés par les acides correspondants dans lesquels un équivalent d'hydrogène serait remplacé par un corps radical composé (§ 39 — 4°) qui aurait pour formule AzH^4. Ainsi le chlorhydrate d'ammoniaque serait formé d'acide chlorhydrique ClH

dans lequel l'hydrogène H serait remplacé par AzH⁴. Ce sel aurait donc pour symbole Cl (AzH⁴). De même l'acide sulfurique SO⁴H donnerait le sulfate d'ammoniaque SO⁴ (AzH⁴). En traitant ces sels par la chaux CaO, on obtient ClCa du chlorure de calcium ou SO⁴Ca du sulfate de chaux, et l'oxygène de la base O reste en présence de ce radical AzH⁴ qui, très instable, fournit à l'oxygène O, un de ses équivalents d'hydrogène pour former de l'eau et se transformer en gaz ammoniaque AzH³ que nous avons indiqué plus haut.

44. Propriétés physiques. — L'ammoniaque est un gaz incolore, d'une odeur forte et piquante, qui provoque les larmes ; il se liquéfie à — 40° sous la pression ordinaire ou à la température ordinaire sous une pression de 5 à 6 atmosphères. L'eau dissout environ 500 fois son volume. Cette dissolution, connue sous le nom d'alcali volatil ou ammoniaque liquide, se fait avec une rapidité telle que, lorsqu'on met ce gaz, renfermé dans une éprouvette, en contact avec l'eau, cette dernière se précipite à l'intérieur avec une violence qui peut amener la rupture de l'éprouvette. Certains chlorures comme celui d'argent absorbent 300 fois leur volume de gaz ammoniaque. La dissolution de ce gaz ou les chlorures qui en sont saturés le dégagent sous l'influence d'une élévation de température et si ce dégagement se fait en vase clos, la pression peut devenir assez forte pour que l'ammoniaque se liquéfie dans les parties froides de l'appareil. Le gaz est de nouveau absorbé lorsque la température baisse. Supposons deux vases communiquants : l'un A contenant une dissolution saturée d'ammoniaque, l'autre B ne contenant rien, les deux vases hermétiquement clos. Chauffons A, le gaz se dégage et va se liquéfier en B. Si nous refroidissons A, le gaz va se dissoudre de nouveau d'autant plus vite que le refroidissement sera plus rapide. S'évaporant en B, il va refroidir ce dernier vase qui, à son tour, refroidira les corps en contact avec lui.

La densité du gaz ammoniaque est 0,59.

45. Propriétés chimiques. — L'ammoniaque est une base énergique qui déplace par substitution les oxydes métalliques des sels qu'ils forment; mais étant volatile, elle est déplacée de ses composés par les bases aussi énergiques et plus fixes.

46. Préparation. — La préparation ressort de ce que nous avons dit au § 43. Il suffit de faire chauffer un sel ammoniacal avec de la chaux vive; on choisit en général le chlorhydrate dans les laboratoires, mais comme la réaction dégage de l'eau (§ 43), on absorbe cette eau en mettant dans le ballon qui sert à la préparation un excès de chaux. On recueille ce gaz sur le mercure à cause de sa grande solubilité dans l'eau.

Lorsqu'on veut préparer sa dissolution aqueuse, on fait arriver le tube par lequel il se dégage au fond d'un flacon à plusieurs ouvertures qui permet, grâce à un tube abducteur, de conduire l'excès de gaz dans un deuxième, puis dans un troisième flacon contenant de l'eau.

Si l'eau de ces flacons est remplacée par des acides, on obtient le sel ammoniacal correspondant à l'acide employé.

SOUFRE. — S.

Équivalent en poids . . . . .   16.
Équivalent en volume. . . .   1.

47. Propriétés physiques. — À la température ordinaire, le soufre est solide, jaune clair, insoluble dans l'eau, soluble dans la benzine et surtout dans le sulfure de carbone ; il cristallise par fusion et refroidissement ou par évaporation de sa dissolution dans le sulfure de carbone.

Chauffé, le soufre fond à 111° ; le liquide, d'abord jaune ambré, se fonce et s'épaissit de plus en plus à un point tel qu'on peut retourner le vase qui le contient sans qu'il s'écoule. Il recouvre ensuite sa fluidité et bout à 460°. La densité de sa vapeur est d'abord 6,6 et devient égale à 2,2 vers 800°, température à laquelle cette vapeur prend les propriétés des gaz.

Le soufre fondu, porté à 250° et versé dans l'eau, se solidifie en prenant une couleur brune et une consistance élastique. Ce soufre non abandonné à lui-même redevient spontanément jaune et cassant.

48. Propriétés chimiques. — Les propriétés chimiques du soufre le rapprochent de l'oxygène ; il se combine directement avec le fer, le cuivre, le plomb, l'argent et donne des sulfures de composition analogue à celle des oxydes. Il est combustible et brûle dans l'oxygène en donnant naissance au gaz sulfureux SO^2.

49. Gisements. Extraction. — Le soufre se rencontre dans la nature sous trois états : 1° combiné avec l'oxygène et un métal formant un sulfate ; 2° combiné avec un métal formant un sulfure ou pyrite ; 3° simplement mélangé, c'est-à-dire à l'état natif. Cette dernière source est celle qui fournit la plus grande partie du soufre que consomme l'industrie ; les sulfures en fournissent aussi, mais beaucoup moins ; les sulfates ne sont exploités à ce titre que dans des cas exceptionnels. Sous l'un de ces trois états, le soufre se rencontre dans presque tous les pays.

1. *Extraction du soufre natif.* — Le soufre natif se rencontre dans les anciens terrains volcaniques (solfatares), en Italie, Sicile, Irlande. Il est mélangé de matières terreuses, calcaires et bitumineuses. On peut l'extraire par fusion, par sublimation, par dissolution dans le sulfure de carbone. Ce dernier procédé, employé à Bagnoli près de Naples, ne saurait se généraliser à cause du prix élevé du dissolvant.

1° *Extraction par fusion.* — Ce procédé, employé en Sicile, est d'un faible rendement, car une partie du soufre est brûlé pour faire fondre l'autre. Le minerai est entassé dans un four (calcaroni) dont la sole est inclinée pour permettre au soufre fondu de s'écouler dans un réservoir. Dans la masse du minerai, on ménage des puits verticaux dans lesquels on jette de la paille imprégnée de soufre et de bois résineux enflammés au moment de l'allumage. Le soufre recueilli est coulé dans des moules en blocs de 50 à 60 kilos et livré ainsi au commerce sous le nom de ballates.

2° *Extraction par sublimation.* — Le minerai est mis dans des pots en terre réfractaire placés dans l'intérieur d'un fourneau de galère. Ces pots sont munis d'un tuyau de dégagement qui, passant à travers les parois du fourneau amènent les vapeurs de soufre dans des récipients extérieurs chauffés de manière à mantenir le soufre liquide et à pouvoir le recevoir dans les formes où il se condense en ouvrant un robinet inférieur.

3° *Raffinage.* — Le soufre brut, obtenu par les opérations précédentes, est porté à l'ébullition dans une chaudière qui communique avec une grande chambre où la vapeur va se condenser.

Si l'opération est rapidement conduite, la vapeur de soufre se condense en grande quantité dans un temps donné, les parois de la chambre s'échauffent et le soufre se condense en liquide sur la sole inclinée, d'où on peut le faire écouler dans des moules cylindro-coniques; on obtient ainsi le soufre en canon. Si l'opération est conduite avec lenteur, la chambre s'échauffe moins; la vapeur de soufre, en y arrivant, se condense brusquement en fine poussière qui est la fleur de soufre.

Sous cette forme le soufre est presque toujours acide, car il contient de l'acide sulfurique. C'est pour ce motif qu'on ne l'emploie pas à la fabrication des poudres pour laquelle on a recours uniquement au soufre en canon.

II. *Extraction du soufre des pyrites.* — On trouve en Suède, en Saxe et surtout en Bohême un minerai de fer (le fer martial) dont la composition est représentée par la formule FeS^2; ce minerai est donc du bisulfure de fer. Il est employé à la fabrication de l'acide sulfurique de Saxe, comme nous le verrons plus loin, mais avant de servir à cet usage il est grillé à l'air libre, une partie du soufre brûle et une autre partie coule sur la sole du four où se fait le grillage. Ce dernier est maintenu liquide pendant 2 ou 3 heures, les impuretés montent à la surface, on les enlève et on coule le liquide clair dans les formes. Ce soufre est ensuite raffiné par le procédé précédent.

50. Usages du soufre. — Le soufre brut sert pour la fabrication des acides sulfurique, sulfureux et sulfhydrique. Le soufre raffiné sert à la confection des allumettes, de la poudre pour la guerre, la chasse, les mines et les feux d'ar-tifice.

COMPOSÉS OXYGÉNÉS DU SOUFRE.

51. — Les composés oxygénés du soufre dont nous avons à nous occuper sont l'acide sulfureux et les acides sulfuriques.

ACIDE SULFUREUX. — SO^2.

Équivalent en poids . . . . 32.
Équivalent en volume. . . . 2.

52. Propriétés physiques. — A la température ordinaire, ce corps est gazeux, incolore, d'une odeur suffocante ; sa densité est 2,21 ; il se liquéfie à — 10° et se solidifie à — 75°. L'eau en dissout 50 fois son volume.

53. Propriétés chimiques. — La chaleur de formation de l'anhydride sulfurique SO^3 (46 calories) étant supérieure à celle de l'acide sulfureux SO^2 (34,6 calories), le gaz sulfureux se transformera facilement en anhydride sulfurique en se combinant avec un équivalent d'oxygène. Il résulte de là que ce corps est un désoxydant énergique. Au contact de l'air, cette transformation s'effectue, et si cet air est humide le résultat sera de l'acide sulfurique SO^3HO. La plupart des matières colorantes sont oxygénées et suffisamment instables pour céder leur oxygène à l'acide sulfureux ; de là l'emploi de ce gaz au blanchiment des tissus d'origine animale, comme la soie et la laine. En raison de la formation de l'acide sulfurique comme résultat de cette opération, il faut enlever sur les tissus jusqu'aux dernières traces de cet acide par des lavages minutieux avec des eaux basiques, comme l'eau de savon. On ne peut l'employer pour les étoffes d'origine végétale, toile, coton parce que ces étoffes sont trop rapidement attaquées par l'acide sulfurique.

Il résulte aussi de la propriété que possède l'acide sulfureux de s'oxyder facilement que sa dissolution aqueuse ne se conservera que si elle est privée d'oxygène en dissolution, c'est-à-dire faite avec de l'eau récemment bouillie et conservée à l'abri de l'air dans des flacons complètement remplis.

L'acide sulfureux éteint les corps en combustion.

54. Divers modes de production de l'acide sulfureux. — I. On se procure de l'acide sulfureux par la combustion directe du soufre dans un courant d'air ménagé. Les produits de la combustion sont amenés au contact de l'eau ou des bases en dissolution, suivant qu'on veut obtenir une solution d'acide sulfureux ou d'un sulfite.

II. — On peut obtenir de l'acide sulfureux par la combustion complète de la pyrite martiale (FeS^2) qui s'opère suivant la formule suivante :

$$2\,(FeS^2) + O^{11} = Fe^2O^3 + 4\,(SO^2).$$

III. — On peut oxyder le soufre aux dépens d'un corps riche en oxygène, comme le bioxyde de manganèse par exemple :

$$2S + MnO^2 = MnS + SO^2.$$

IV. — Dans les laboratoires, il est plus commode de désoxyder l'acide sulfurique, résultat que l'on obtient générale-

ment en le traitant à chaud par du cuivre, du mercure ou du
charbon :

$$2 (SO^4H) + Cu = SO^4Cu + SO^2 + 2 (HO)$$
$$2 (SO^4H) + Hg = SO^4Hg + SO^2 + 2 (HO)$$
$$2 (SO^4H) + C = CO^2 + 2 (HO) + 2 (SO^2).$$

Lorsqu'on veut ce corps à l'état de gaz, il faut le recueillir
dans des éprouvettes sur le mercure et ne pas employer le
charbon qui donne de l'acide carbonique (CO^2) gaz qui reste-
rait mélangé à lui.

Lorsqu'on le veut liquide, on le fait arriver dans un tube
en U plongé dans un mélange réfrigérant, il est alors indifférent d'employer du charbon, le gaz carbonique ne se liquéfiant
pas dans ces conditions.

Pour l'obtenir à l'état de dissolution, on ne peut employer
le charbon, l'acide carbonique étant soluble. On a recours à
l'appareil employé (§ 46) pour la préparation de la solution
ammoniacale.

55. Usages. — L'acide sulfureux sert à blanchir les tissus
de soie, de laine, les éponges, les amidons, les fécules. Il détruit les insectes parasites des plumes, des blés ; il empêche
les fermentations et la putréfaction de divers liquides; de là
l'usage d'en produire, dans les barriques où l'on doit conserver des vins, des bières, du cidre, en faisant brûler dans ces
récipients des morceaux de grosse toile imprégnées de soufre.

A l'état de sulfite de zinc injecté dans des pièces anatomi-
ques il en retarde la putréfaction.

ACIDES SULFURIQUES.

56. — L'anhydride sulfurique SO^3 donne par ses combinaisons avec l'eau différents acides : l'acide sulfurique de Nordhausen ou de Saxe et l'acide monohydraté.

57. Acide de Saxe. — Cet acide $2(SO^3)HO$ est un liquide brun fumant à l'air, il se prépare aujourd'hui en Bohême par la distillation du sulfate de fer ou couperose verte desséché.

Ce sel est obtenu en abandonnant à l'air le sulfure de fer, FeS, provenant du grillage de la pyrite martiale (FeS^2. § 49.11). Au bout d'un certain temps ce sulfure s'est oxydé et s'est transformé en un sulfate hydraté dont la formule est $SO^4Fe + 7HO$. Ce sel soigneusement desséché est soumis, dans des vases placés dans un fourneau et s'ouvrant à l'extérieur dans des vases semblables, à une température élevée. Il s'en dégage des vapeurs d'acide anhydre que l'on fait condenser dans de l'acide sulfurique ordinaire SO^4H. Le résidu de l'opération est un sesquioxyde de fer connu sous le nom de colcothar.

L'acide de Saxe sert presque exclusivement à la préparation du sulfate d'indigo employé en teinture.

58. Acide ordinaire. — SO^4H. Cet acide est un liquide sirupeux, ce qui lui a fait donner le nom d'huile de vitriol. Sa densité est 1,84 et il marque 66° à l'aréomètre de Beaumé. Il bout à 325° et se solidifie à — 35°. Ce corps adhère fortement aux parois des vases de verre qui le renferment. Cette adhérence fait que, lorsqu'il est porté à sa température d'ébullition, les bulles de vapeurs ne se détachent que lors-

qu'elles ont acquis un volume assez grand. De là des soubre-
sauts dangereux que l'on peut éviter soit en chauffant par les
parties latérales, soit en introduisant dans le liquide des fils
d'un métal inattaquable par l'acide, de platine par exemple,
aux extrémités desquels se forment les bulles de vapeur.

L'acide sulfurique est un des acides les plus énergiques, il
altère et désorganise profondément les tissus organiques.
Ce fait tient surtout à ce qu'il est très avide d'eau et qu'il
s'empare de l'hydrogène et de l'oxygène qui se trouvent dans
ces corps en proportions convenables pour former l'eau.

59. Hydrate. — L'acide sulfurique monohydraté forme
avec un équivalent d'eau une combinaison mise en évidence
par l'échauffement considérable produit au moment du mélange des deux corps. L'hydrate ainsi obtenu se solidifie à $0°$;
mais, si on cherche son point d'ébullition, on constate qu'il
perd la moitié de son eau et est ramené à l'état d'acide monohydraté.

Il existe un troisième hydrate plus riche en eau que les
précédents, mais beaucoup moins bien défini.

60. Préparation. — Le principe sur lequel repose cette
préparation est l'oxydation de l'acide sulfureux par l'acide
azotique en présence de l'eau.

L'acide sulfureux est produit par la combustion directe du
soufre ou des pyrites martiales (§ 54. I et II) et il se rend dans
de grandes chambres tapissées de feuilles de plomb où il est
soumis à l'action de l'acide azotique coulant en cascades pour
présenter au gaz sulfureux le plus de surface de contact possible.

$$\text{AzO}^5, n\,(\text{HO}) + \text{SO}^2 = \text{SO}^3, n\,(\text{HO}) + \text{AzO}^4.$$

Le peroxyde d'azote Az O⁴ (§ 39 — 4°) en présence de l'eau se dédouble en acide azotique et bioxyde d'azote :

$$3\,(AzO^4) + n\,(HO) = 2\,(AzO^5),\ n\,(HO) + AzO^2.$$

Ce dernier corps Az O² (§ 39 — 2°) en présence de l'air se transforme en peroxyde d'azote qui donne une nouvelle quantité d'acide azotique. Il résulte de là qu'on peut obtenir une quantité très grande d'acide sulfurique avec une quantité limitée d'acide azotique. C'est, en définitive, aux dépens de l'air que l'acide sulfureux s'oxyde. L'acide sulfurique ainsi obtenu est étendu d'eau. On le concentre en le distillant dans des cornues de verre ou de platine.

61. Usages. — Les usages de ce corps sont très nombreux. Son affinité pour l'eau le fait employer commé desséchant. Ses propriétés acides énergiques lui permettent de transformer en sulfate la plupart des métaux ou des sels métalliques. Il serait trop long d'énumérer ici tous ses emplois, mais on a pu dire que l'importance industrielle d'un pays était en raison directe de sa consommation d'acide sulfurique.

ACIDE SULFHYDRIQUE.

Équivalent en poids 17
Équivalent en volume 2

62. Propriétés physiques. — Ce corps est gazeux à la température ordinaire, liquéfiable sous la pression de 17 atmosphères, solidifiable à — 85°. Sa densité est 1,19.

L'eau en dissout 3 fois son volume. Son odeur est fétide, c'est celle des œufs pourris.

63. Propriétés chimiques. — Formé de deux éléments combustibles, ce gaz est lui-même combustible et fournit ainsi de l'eau et de l'acide sulfureux. L'oxygène dissout dans l'eau qui a servi à en faire une solution, se décompose peu à peu, brûle son hydrogène, tandis que le soufre se dépose. Mélangé avec l'oxygène, il détone à l'approche d'une flamme. En présence des corps poreux comme le linge et de l'air, il subit une combustion lente et le soufre qu'il contient se transforme en acide sulfurique, ce qui désagrège rapidement les tissus soumis à son influence. Un grand nombre de métaux, qu'ils soient libres ou engagés dans leurs combinaisons salines, se substituent à l'hydrogène de l'acide sulfhydrique et forment des sulfures.

Il est décomposé par le chlore qui s'empare de son hydrogène. Cette action est employée pour détruire ou atténuer les funestes effets dus à ce gaz qui est très délétère et pour assainir les endroits infectés par des émanations de ce gaz et surtout de sa combinaison avec l'ammoniaque, le sulfhydrate d'ammoniaque, AzH^4S. On peut employer également à cet usage des sels métalliques, comme le sulfate de fer, qui le décomposent en donnant naissance à un sulfure.

Les sulfures étant en général noir, le gaz sulfhydrique noircit les métaux, les dorures, les peintures au blanc de plomb, l'argenterie. Pour les dorures, il n'est pas de remède bien efficace; pour l'argenterie, il suffit de la laver avec de l'acide chlorhydrique étendu et de la frotter avec du blanc d'Espagne en poudre; pour les peintures au plomb, on oxyde le sulfure formé, ce qui le transforme en sulfate de plomb qui est blanc. On emploie pour cet usage l'acide azotique, si l'objet restauré n'est pas sensible à l'action de cet acide ; dans le cas contraire, on fait usage de l'eau oxygénée HO^2, qui est un oxydant très énergique.

64. Préparation. — On traite soit le sulfure de fer par l'acide sulfurique :

$$FeS + SO^4H + SO^4Fe + HS,$$

soit le sulfure d'antimoine par l'acide chlorhydrique :

$$Sb^2 S^3 + 3\,HCl = Sb^2 Cl^3 + 3\,(HS).$$

La première opération se fait à froid, pour la seconde, il faut chauffer, mais modérément, pour éviter les boursouflements de la matière. On le recueille généralement sur l'eau malgré sa solubilité dans ce liquide ; on pourrait le recueillir sur le mercure, mais il noircit rapidement, par sulfuration, la surface de ce métal.

65. Usages. — L'acide sulfhydrique n'est guère utilisé que dans les laboratoires.

CHLORE Cl.

Équivalent en poids.   35,5
Équivalent en volume.   2

66. Propriétés physiques. — Le chlore est à la température ordinaire un gaz jaune verdâtre, liquéfiable sous la pression de 5 atmosphères ; il se présente alors sous la forme d'un liquide jaune clair de densité 1,33. Le chlore gazeux a pour densité 2,45. L'eau en dissout environ 3 fois son volume à la température de 8°. Son odeur est suffocante, il provoque la toux et même des crachements de sang.

67. Propriétés chimiques. — La propriété chimique dominante est la grande affinité qu'il a pour l'hydrogène avec lequel il forme de l'acide chlorhydrique. Le mélange de ces deux gaz détone sous l'influence d'une vive lumière, d'une flamme; exposé à la lumière diffuse, ce mélange se transforme lentement en acide chlorhydrique et la rapidité de cette transformation croît avec l'intensité de la lumière. De ce fait résulte l'obligation de conserver la dissolution de chlore dans des flacons noircis ou soustraits à l'action de la lumière; sans cette précaution, cette dissolution se change peu à peu en dissolution d'acide chlorhydrique.

Il résulte encore de l'affinité du chlore pour l'hydrogène que le chlore humide ou la solution de chlore est un oxydant énergique; en effet, le chlore s'unissant à l'hydrogène laisse l'oxygène en liberté et ce dernier peut se porter sur les corps oxydables placés dans le voisinage.

Le chlore humide agit donc sur tous les composés hydrogénés et oxydables de deux manières : il leur enlève leur hydrogène et leur donne de l'oxygène. Les matières colorantes ou infectantes sont en général hydrogénées et oxydables, le chlore les détruira, de là son emploi comme décolorant et désinfectant. Ainsi s'explique encore l'action de ce corps sur l'acide sulfhydrique mentionnée au § 63. L'ammoniaque AzH^3 et ses sels (§ 43) étant riches en hydrogène seront décomposés par le chlore, parmi les résultats de cette décomposition se trouve le chlorure d'azote, $AzCl^3$, corps très explosif.

L'affinité du chlore pour le phosphore et les métaux est

aussi très grande. Le phosphore, l'arsenic, l'antimoine, le cuivre brûlent vivement dans le chlore sec.

L'action du chlore sur les matières organiques hydrogénées est plus complexe. S'il est desséché, un équivalent de chlore se combine avec un équivalent d'hydrogène pour donner de l'acide chlorhydrique, mais, en même temps, un second équivalent de chlore se substitue à l'équivalent d'hydrogène disparu de la matière organique. On peut obtenir ainsi une série de produits organiques différents dérivant tous d'un seul. Pour prendre un exemple simple, on aura avec l'hydrogène protocarboné $C^2 H^4$ que nous étudierons plus loin (§ 88) la série C^2H^3Cl, $C^2H^2Cl^2$, C^2HCl^3, C^2Cl^4. Si on fait intervenir l'eau, la décomposition est plus complète, car ce liquide décomposé par le chlore fournit de l'oxygène qui brûle plus ou moins complètement le charbon de la matière organique suivant la quantité d'eau employée.

68. Préparation. — Le chlore se retire de l'acide chlorhydrique HCl en brûlant l'hydrogène que ce corps contient. On peut avoir recours au bioxyde de manganèse, corps riche en oxygène :

$$2 (HCl) + MnO^2 = MnCl + 2 (HO) + Cl.$$

Cette équation montre que l'acide chlorhydrique ne cède que la moitié du chlore qu'il contient. Aussi dans certaines industries dans lesquelles le chlore est nécessaire, on brûle l'hydrogène de l'acide chlorhydrique en employant l'oxygène de l'air ; mais cette opération ne peut se faire directement en une seule fois, elle se compose de deux opérations distinctes : 1° On libère le chlore de 4 équivalents d'acide chlorhydrique en brûlant son hydrogène au moyen de l'oxygène que contient le manganite de magnésie, profitant pour faciliter cette réaction de l'affinité pour le chlore du magnésium et du manganèse :

$$4 \, (HCl) + MnO^4Mg = MnCl + MgCl + 4 \, (HO) + 2 \, Cl.$$

2° Les chlorures de manganèse, MnCl, et de magnésie, MgCl, sont soumis à un courant d'air chaud qui, oxydant les métaux, reconstitue le manganite de magnésie utilisable dans les opérations ultérieures, et libère les deux derniers équivalents de chlore :

$$MnCl + MgCl + O^4 = MnO^4, Mg + 2 \, Cl.$$

Quel que soit le procédé de préparation, le chlore est recueilli dans des flacons à l'air libre, au fond desquels arrive le tube qui le dégage. On met à profit pour cela sa grande densité. On ne peut en effet le recueillir, ni sur l'eau qui le dissout, ni sur le mercure qu'il attaque.

Dans l'industrie on fait passer le chlore dans l'eau pour en obtenir la dissolution, ou sur de la chaux avec laquelle il forme le produit commercial connu sous le nom de chlorure de chaux qui, exposé à l'air, dégage lentement le chlore qu'il contient et est, pour cette raison, souvent substitué au chlore pour blanchir ou désinfecter.

69. Usages. — Blanchiment des tissus d'origine végétale, de la pâte à papier, désinfection des lieux dans lesquels se produisent des émanations malsaines.

ACIDE CHLORHYDRIQUE. — CHl.

Équivalent en poids. 36,5
Équivalent en volume. 4

70. Propriétés physiques. — A la température ordinaire, l'acide chlorhydrique est un gaz incolore, de densité

1,26, fumant à l'air, d'une odeur piquante. L'eau en dissout 500 fois son volume en donnant l'acide chlorhydrique du commerce. La pression de 40 atmosphères le liquéfie.

71. Propriétés chimiques. — Ce corps est un acide très énergique, il attaque tous les métaux, sauf l'or et le platine. Il forme avec l'eau, dont il est très avide, des hydrates bien définis.

Son action sur l'acide azotique représentée par l'équation :

$$AzO^4H + ClH = AzO^4 + Cl + 2\,(HO),$$

donne naissance à du chlore, de l'eau et du peroxyde d'azote, c'est-à-dire à des agents puissants de chloruration et d'oxydation. Le chlore dégagé dans ces conditions se combine avec l'or ou le platine qui se transforment en chlorures. Ces deux métaux réfractaires à l'action de l'acide azotique seul ou de l'acide chlorhydrique seul ne résistent pas au mélange des deux. Ce mélange est connu sous le nom d'eau régale.

72. Préparation. — Le sodium du chlorure de sodium, NaCl, peut se substituer à l'hydrogène de l'acide sulfurique SO^4H pour former du sulfate de soude SO^4Na, tandis que l'hydrogène et le chlore devenus libres s'unissent pour former de l'acide chlorhydrique ClH :

$$SO^4H + NaCl = SO^4Na + ClH.$$

On recueillera ce gaz sur du mercure, à cause de sa grande solubilité dans l'eau. Sa dissolution se préparera comme celle de l'ammoniaque (§ 46).

73. Usages. — Fabrication du chlore, des chlorures décolorants et désinfectants ; du chlorure de zinc pour la conservation des bois. L'acide chlorhydrique dissout la matière organique des os qui sert à fabriquer la colle forte et la gélatine. Le sulfate de soude, résidu de sa fabrication, a une importance commerciale plus grande encore à cause de son emploi à la fabrication des verres et des cristaux.

———

PHOSPHORE. — Ph.

Équivalent en poids. 31
Équivalent en volume. 1

74. Propriétés physiques. — A la température ordinaire, le phosphore est solide, jaune, ambré, rayable à l'ongle, insoluble dans l'eau, soluble dans l'alcool, l'éther, les huiles grasses et volatiles et surtout dans le sulfure de carbone. Cette dissolution évaporée abandonne des cristaux de phosphore. Sa densité est 1,83. Il fond à 44°, bout à 290°, en donnant une vapeur dont la densité est 4,3. Ce corps est vénéneux. Il brille dans l'obscurité (phosphorescence).

Soumis pendant longtemps à une température de 240° en vase clos, il devient rouge, insoluble, dans le sulfure de carbone, amorphe, c'est-à-dire non cristallisable, non délétère et non phosphorescent.

75. Propriétés chimiques. — Le phosphore jaune est très avide d'oxygène, il s'enflamme spontanément à l'air surtout s'il est très divisé comme celui qu'on obtient en répandant sur un linge ou sur du papier sa dissolution dans le sulfure de carbone. Ces matières ne tardent pas à s'enflammer spontanément. A cause de son inflammabilité, le phosphore est conservé sous l'eau.

Le résultat de la combustion du phosphore est l'anhydride phosphorique PhO^5, corps très avide d'eau formant avec elle des acides phosphoriques très énergiques et corrosifs. La formation de ces acides rend très douloureuses les brûlures avec du phosphore et indique en même temps qu'un lavage de la blessure avec un liquide alcalin, neutralisant l'acide, sera un remède efficace ou au moins calmant.

Le phosphore se combine directement avec le chlore ; avec les métaux il donne des phosphures.

Le phosphore rouge a les mêmes propriétés chimiques que le phosphore jaune, mais à un degré bien moindre ; c'est ainsi qu'il ne s'enflamme qu'au-dessus de 250°, température à laquelle il redevient du phosphore ordinaire.

76. Préparation. — Le phosphore se retire des os. Les os se composent de :

1° Matières organiques ;
2° Phosphate de chaux insoluble PhO^5, 3 (CaO) ;
3° Carbonate de chaux.

Les matières organiques sont brûlées par une calcination à blanc des os. Le résidu phosphate et carbonate de chaux est pulvérisé et traité par l'acide sulfurique étendu d'eau qui a un double rôle :

1° De transformer le carbonate de chaux en sulfate de chaux insoluble et acide carbonique CO^2 qui se dégage étant gazeux :

$$CO^2CaO + SO^4H = SO^4Ca + HO + CO^2.$$

2° De transformer le phosphate de chaux insoluble, PhO^5,

3 (CaO), en phosphate de chaux soluble, PhO^5, 2 (HO), CaO, par la substitution de 2 équivalents d'eau à 2 équivalents de chaux et formation de sulfate de chaux insoluble :

$$PhO^5, 3\ CaO + 2\ (SO^4H) = PhO^5, 2\ (HO), CaO + 2\ (SO^4Ca).$$

A la suite de cette opération, il reste donc comme seul corps solide, le phosphate de chaux, qui reste en dissolution et se sépare facilement ainsi du sulfate de chaux. La dissolution est mélangée avec du charbon, évaporée à siccité, ce qui change le phosphate PhO^5, 2 (HO), CaO en PhO^5,CaO en le déshydratant. Le tout est ensuite distillé :

$$5\ C + 2\ [PhO^5, CaO] = 5\ (CO) + 2\ (CaO), PhO^5 + Ph.$$

Le phosphate 2 (CaO), PhO^5 est remis avec la poudre d'os à traiter ultérieurement ; le phosphore libre Ph distille et est reçu sous une couche d'eau chaude qui le maintient liquide. Toujours maintenu sous l'eau chaude pour éviter son inflammation, il est filtré à travers une peau de chamois et sur du noir animal en grains, puis coulé sous forme de bâtons cylindriques qu'on livre dans des flacons pleins d'eau.

Usages. — Le principal usage du phosphore consiste dans la fabrication des pâtes pour les allumettes.

77. Combinaisons du phosphore et de l'hydrogène. — Ces combinaisons sont au nombre de trois : 1° le phosphure d'hydrogène gazeux, PhH^3 ; 2° le phosphure d'hydrogène liquide, PhH^2 ; 3° le phosphure d'hydrogène solide, Ph^2H. Ces trois composés s'obtiennent au moyen d'un phosphure de calcium préparé en faisant agir des vapeurs de phosphore sur du carbonate de chaux.

I. *Phosphure d'hydrogène gazeux.* PhH^3. — C'est un gaz incolore, son odeur est celle de l'ail, sa densité est 1,185, peu

soluble dans l'eau, plus soluble dans l'alcool ou l'éther. Il
est très combustible, mais ne s'enflamme spontanément que
s'il contient, ce qui arrive presque toujours, des traces de
vapeur d'hydrogène phosphoré liquide. Il brûle avec un vif
éclat, en donnant de l'acide phosphorique sous forme de
fumées blanches et de l'eau. Le chlore décompose brusquement avec détonation le phosphure d'hydrogène. On obtient
ce gaz en traitant le phosphure de calcium par de l'acide
chlorhydrique étendu d'eau.

II. *Phosphure d'hydrogène liquide.* PhH^2. — Ce corps est
un liquide incolore, décomposable à 30°, l'un des plus inflammables des corps connus, se décompose à la lumière en phosphure gazeux et en phosphure solide :

$$5 \, (\text{PhH}^2) = \text{Ph}^2\text{H} + 3 \, (\text{PhH}^3).$$

Il se prépare en décomposant par l'eau le phosphure de
calcium et en faisant passer les produits gazeux dans un tube
plongé dans un mélange réfrigérant.

III. *Phosphure d'hydrogène solide.* Ph^{2}H. — Ce corps est
solide et jaune, d'une odeur de phosphore, se décompose
facilement et s'obtient en abandonnant sur l'eau un mélange
de phosphure gazeux et de vapeurs de phosphure liquide.

IV. *Usages.* — On met à profit la propriété du phosphure
de calcium de se décomposer au contact de l'eau en donnant
un gaz spontanément inflammable, brûlant avec éclat, dans
certaines bouées de sauvetage de nuit. Ces bouées signalent
leur présence au naufragé par la lumière vive qu'elles émettent
au moment où elles sont jetées à la mer. Cette lumière est due
à ce que la bouée contient un récipient rempli de phosphure
de calcium disposé de façon à ce que l'eau puisse pénétrer
au contact de ce corps quand la bouée est immergée.

CARBONE. — C.

Équivalent en poids. 6
Équivalent en volume. 1

78. États divers du carbone dans la nature. — Nous appellerons carbone pur un corps qui, combiné avec 16 grammes d'oxygène, donne 22 grammes d'acide carbonique, gaz dont nous étudierons plus loin les propriétés qui nous permettront de le reconnaître.

Il existe dans la nature un grand nombre de corps constitués en très grande partie par du carbone mélangé à diverses substances. D'autre part, l'industrie en fabrique beaucoup d'autres, jouissant de la même propriété. Tous ces corps sont appelés du nom générique de charbons.

Il est impossible de donner les propriétés physiques du carbone qui ne nous est connu que par les charbons, et ces derniers présentent entre eux des différences, très grandes, produites par la variété des corps unis au carbone pour les constituer et probablement aussi par la variété des circonstances dans lesquelles ils se sont formés.

79. Les charbons. — On peut diviser les charbons en deux grands groupes : 1° Les charbons naturels, tels que la nature les fournit ; 2° Les charbons artificiels, préparés industriellement. Ces deux groupes se divisent à leur tour, suivant le tableau suivant :

CHARBONS.

NATURELS.	ARTIFICIELS.
Diamant.	Coke. Charbon de cornue.
Graphite ou plombagine.	Charbons de bois.
Combustibles fossiles. { Anthracite. Houilles.	Noir de fumée.
{ Lignites. Tourbes.	Noir animal.

1. *Diamant.* — Le diamant est le plus riche en carbone des charbons, sa densité varie de 3,50 à 3,55. Se présente sous forme de cristaux. C'est le plus dur de tous les corps ; il les raye tous et ne peut être usé que par le frottement sur sa propre poussière (égrisée). Le diamant a des valeurs variables, mais toujours grandes, suivant sa pureté. L'unité de poids adoptée pour l'estimer est le carat, qui vaut 212 milligrammes, et son prix varie beaucoup plus rapidement que proportionnellement à son poids.

II. *Graphite ou plombagine.* — Ce charbon contient environ 0,95 de son poids de carbone et se présente tantôt en paillettes hexagonales cristallisées, tantôt en masses compactes, tantôt pulvérulent. Le graphite est bon conducteur de la chaleur et de l'électricité.

III. *Combustibles fossiles.* — Ces charbons proviennent tous de la décomposition lente par voie humide des matières végétales enfouies dans le sol depuis un nombre plus ou moins grand d'années. Ils sont d'autant plus riches en carbone que leur décomposition est plus avancée. Parmi les couches de terrains qui constituent l'écorce terrestre, il en est une très importante, riche en principes calcaires, la couche de la craie ; les anthracites et les houilles se trouvent au-dessous ; les lignites et les tourbes au-dessus.

1° *Anthracite.* — Dans ce charbon, la décomposition est assez complète pour que toute trace végétale ait disparu ; il contient 0,90 à 0,92 de carbone, est d'une combustion difficile, mais donne à poids égal plus de calories que les autres combustibles fossiles.

2° *Houilles.* — Charbon de formation plus récente et moins riche en carbone que le précédent. La houille est un mélange de carbone libre et de carbone combiné avec de l'hydrogène formant des hydrogènes carbonés divers. Les houilles se divisent : 1° en houilles grasses, noires, à cassure brillante, brûlant rapidement et s'agglutinant au feu ; 2° en houilles maigres, plus dures, se ramollissant peu ; 3° en houilles sèches, se contractant au feu, brûlant avec une flamme bleue et donnant beaucoup de cendres.

Exposée à l'air libre, la houille perd 50 à 58 p. 100 de son pouvoir calorifique parce qu'elle dégage à l'état volatil une notable partie de ses constituants inflammables. Ces derniers produits peuvent devenir un danger dans les espaces clos en formant avec l'air des mélanges détonants. Quelques variétés de houilles renferment du sulfure de fer qui, s'oxydant à l'air libre, se transforme en sulfate de fer. ($FeS + O^3 = SO^4Fe$). Cette oxydation dégage de la chaleur et l'élévation de température qui en résulte peut amener un incendie spontané de la masse.

3° *Lignites*. — Ces charbons sont d'une constitution très variable et donnent en brûlant une flamme longue accompagnée d'une fumée abondante, noire, douée d'une odeur forte et désagréable.

4° *Tourbes*. — Les tourbes constituent les charbons les plus impurs ; elles sont de formation récente (il s'en forme encore de nos jours) et d'une composition variable, ne renfermant guère que 0,45 de leur poids de carbone. On ne peut guère utiliser qu'une faible partie de la chaleur qu'elles donnent en brûlant, une grande fraction de celle-ci étant employée à vaporiser l'eau qu'elles contiennent.

IV. *Coke et charbon de cornue*. — Le coke est le charbon qui reste comme résidu de la distillation de la houille, opération qui entraîne la disparition des produits volatils qu'elle contient et qui se fait dans les usines à gaz. Les cokes varient d'aspect et de propriétés suivant les houilles d'où ils proviennent. Le coke est d'une combustion difficile, il ne.

brûle facilement qu'en grandes masses et sous l'influence d'un rapide courant d'air.

Le charbon de cornues est un charbon qu'on trouve en masses compactes et dures dans les cornues de distillation de la houille. Il peut se scier, se couper, et conduit très bien l'électricité, de là son emploi dans la construction des piles électriques et dans celle de certaines lampes électriques. Aujourd'hui, on a renoncé à son emploi pour ces usages à cause des impuretés qu'il contient; il est remplacé par des charbons artificiels constitués par du coke en poudre mélangé à du noir de fumée et à du sirop de sucre gommé. La pâte ainsi obtenue est triturée, comprimée, passée à la filière ou mise dans des moules et cuite à une haute température.

V. *Charbon de bois.* — Ce charbon pour être bon doit être bien carbonisé, léger, sonore et sec. Cette dernière condition est rarement remplie à cause de son pouvoir hygrométrique en vertu duquel il peut absorber jusqu'à 0,20 de son poids d'humidité. Le charbon de bois se fabrique par deux procédés distincts :

1° *Procédé des meules.* — Les bûches placées presque verticalement les unes à côté des autres autour de quatre bûches centrales formant cheminée constituent une première couche au-dessus de laquelle on en place une seconde, puis une troisième. Le tout est recouvert de terre et de gazon. On jette dans la cheminée centrale du bois enflammé, on ménage des ouvertures sur le pourtour de manière que la combustion du bois, sans être complète, puisse se continuer. Au bout d'un certain temps, la meule est démolie et le charbon est recueilli.

2° *Distillation du bois.* — Le bois est renfermé dans de grands cylindres en fonte et porté à une température variant de 300 à 350° suivant la qualité du charbon que l'on veut obtenir. Les produits volatils se dégagent; on peut les recueillir comme résidus ayant une certaine valeur commerciale ou les brûler sous les cylindres pour économiser le combustible. Pour mieux régler la température et entraîner certains produits goudronneux qui altéreraient la pureté du charbon, on fait souvent passer dans le cylindre un courant de vapeur d'eau surchauffée qui les entraîne.

3° *Propriétés et usages.* — Les propriétés du charbon de bois varient avec les essences végétales d'où il provient.

Les bois à tissu serré et compact donnent un charbon lourd, d'une combustion difficile; ceux qui, comme le sapin, sont formés de couches concentriques de densités différentes, donnent un charbon peu homogène. Les bois tendres, à tissu régulier : bourdaine, coudrier, peuplier, etc., donnent un charbon plus léger et beaucoup plus homogène.

Le charbon de bois sert au chauffage, à la fabrication des poudres explosives et est employé comme désoxydant ou réducteur dans certaines opérations métallurgiques. Nous avons déjà mentionné cet emploi dans la fabrication du phosphore (§ 76).

VI. *Noir de fumée.* — Le noir de fumée qui s'obtient par la combustion incomplète de diverses substances (résines, huiles, suifs, goudrons), est un charbon très divisé. Il sert à la fabrication des encres d'imprimerie, de l'encre de Chine et à la peinture grise ou noire. Pour les peintures grossières, on emploie du noir de fumée provenant de la combustion imparfaite de la houille.

VII. *Noir animal.* — Le noir animal est un agent de décoloration et d'épuration, il se retire des os par calcination. Lorsque le noir animal a servi à décolorer ou à désinfecter, il peut être revivifié en le débarrassant par un lavage des matières solubles et par une calcination des matières organiques. Il est, après avoir subi plusieurs revivifications, employé comme engrais.

VIII. *Charbons divers.* — A part les charbons que nous venons d'énumérer, on en trouve encore beaucoup d'autres variétés. On connaît sous le nom de briquettes un charbon formé de déchets combustibles de toute nature, agglomérés entre eux par une sorte de ciment et moulés de manière à prendre une consistance suffisante pour le transport et une forme commode pour l'emmagasinage. Le charbon de Paris est une briquette faite avec des menus charbons provenant de la calcination de débris végétaux, de tans épuisés, de bruyères, de landes, etc.

La plupart des matières organiques calcinées laissent du charbon comme résidu. Le sucre fournit dans ces conditions un charbon très pur souvent préparé pour les besoins des laboratoires.

ACIDE CARBONIQUE. — CO_2.

Équivalent en poids. 22
Équivalent en volume. 2

80. Propriétés physiques. — L'acide carbonique est un gaz incolore, inodore, d'une saveur piquante, de densité 1,529 ; liquéfiable à 0° sous la pression de 36 atmosphères et solidifiable. L'eau en dissout son volume à toute pression. La dissolution d'acide carbonique dissout le carbonate de chaux qui se dépose lorsqu'une élévation de température dégage le gaz carbonique.

81. Propriétés chimiques. — Ce gaz ne cède que très difficilement l'oxygène qu'il contient ; aussi il n'entretient ni la respiration ni la combustion. A ce titre, il est asphyxiant, sans être vénéneux, car il ne désorganise aucun des tissus.

L'hydrogène, le carbone, le désoxydent et le transforment en oxyde de carbone CO.

82. Préparation. — L'acide carbonique se retire dans les laboratoires des carbonates, en le déplaçant au moyen d'un acide plus énergique que lui. On emploie généralement le carbonate de chaux, et soit l'acide sulfurique, soit l'acide chlorhydrique :

$$CO^2, CaO + SO^3H = SO^3Ca + HO + CO^2$$
$$CO^2, CaO + ClH = CaCl + HO + CO^2.$$

L'opération se fait à froid ; il peut se recueillir sur l'eau, car sa solubilité dans ce liquide est assez faible.

83. Divers modes de formation. — L'acide carbonique est dégagé de ses combinaisons naturelles ou formé dans des circonstances nombreuses. La combustion des charbons, des matières organiques, la respiration des animaux, les exhalations nocturnes des plantes, les fermentations, la germination des graines, sont autant de causes de formation de ce corps. Les carbonates naturels, surtout ceux de chaux, de magnésie, de fer, peuvent être décomposés par des réactions souterraines, par la chaleur des volcans et donner naissance à des émanations de ce gaz, soit à l'état libre dans certaines caves ou grottes (grotte du Chien, près de Naples), soit à l'état de dissolution dans les eaux de certaines sources.

OXYDE DE CARBONE. — CO.

Équivalent en poids. 14
Équivalent en volume. 2

84. Propriétés physiques. — L'oxyde de carbone est un gaz incolore, inodore, très difficilement liquéfiable, très peu soluble dans l'eau. Densité 0,967.

85. Propriétés chimiques. — L'oxyde de carbone, prenant un équivalent d'oxygène, se transforme en acide carbonique CO_2 ; il est donc combustible et brûle avec une flamme bleue. Il peut aussi jouer le rôle de réducteur en désoxydant les corps oxygénés au contact desquels, il se trouve. Cette propriété est mise à profit dans la métallurgie du fer.

L'oxyde de carbone est un véritable poison. Il se forme toutes les fois que le charbon brûle en présence d'une quantité insuffisante d'oxygène, par exemple lorsqu'un brasier fortement chargé de charbon commence à prendre feu.

Ce gaz est d'autant plus dangereux que, n'ayant aucune odeur, il peut arriver qu'on ne soit averti de sa présence que lorsqu'on en a déjà ressenti les funestes effets. L'oxyde de carbone se produit dans un grand nombre de circonstances vulgaires ; dans les combustions du charbon, du gaz de l'éclairage, dans l'usage des poêles de fonte qui le laissent filtrer à travers leurs parois. Il faudra donc, dans tous ces cas, se préserver des accidents qu'il peut produire par une aération convenable.

86. Préparation. — Le carbone forme avec l'oxygène

un composé, l'acide oxalique, qui a pour formule $C^2O^3, 3HO$. Cet acide ne peut exister sans les trois équivalents d'eau qu'il contient. Lorsqu'on veut les lui enlever en le traitant par de l'acide sulfurique à chaud, il se dédouble en acide carbonique et oxyde de carbone $C^2O^3 = CO + CO^2$. On obtiendra donc, en chauffant le mélange d'acide oxalique et d'acide sulfurique concentré, de l'oxyde de carbone et de l'acide carbonique. L'ensemble des deux gaz sera dirigé dans un flacon contenant une solution basique qui retiendra l'acide carbonique, laissant passer l'oxyde de carbone que l'on pourra recueillir sur l'eau.

HYDROGÈNES CARBONÉS.

87. Généralités. — Les combinaisons de l'hydrogène et du carbone sont extrêmement nombreuses. La nature nous en offre une très grande variété ; tels sont le caoutchouc, l'huile de naphte, des essences végétales en grand nombre. Nous ne nous occuperons que de ceux de ces corps les plus répandus et les plus usuels.

On peut, à l'aide de deux réactions très générales, se procurer un grand nombre de ces corps.

Il existe toute une série de corps, les alcools, qui se représentent tous par la formule générale $C^{2m}H^{2m+2}O^2$. Chaque alcool s'obtient en donnant à m les valeurs 1, 2, 3... Si, à l'aide de l'acide sulfurique chaud, on enlève à ces alcools 2 équivalents d'eau, il restera $C^{2m}H^{2m+2}O^2 - 2(HO) = C^{2m}H^{2m}$, c'est-à-dire le symbole général des hydrogènes carbonés, chaque alcool pouvant fournir un de ces corps.

Si on soumet ces alcools à un agent énergique d'oxydation, on produira la réaction représentée par l'équation :

$$C^{2m}H^{2m+2}O^2 + O^4 = C^{2m}H^{2m}O^4 + 2\,(HO). \qquad (1)$$

Le symbole général $C^{2m}H^{2m}O^4$ représente une série de corps,
tous acides, dont chacun correspond à un alcool. Ces acides
mis en présence de deux équivalents d'une base puissante, la
chaux, par exemple, forment des carbonates et un hydrogène
carboné :

$$C^{2m}H^{2m}O^4 + 2\,(CaO) = 2\,(CaO,CO^2) + C^{2m-2}H^{2m}. \quad (2)$$

On aura donc encore autant d'hydrogènes carbonés que
d'alcools ou d'acides en dérivant.

88. Hydrogène protocarboné. — C^2H^4 s'obtient par
l'action de la chaux sur l'acide acétique $C^4H^4O^4$ suivant l'é-
quation (2) du paragraphe précédent :

$$C^4H^4O^4 + 2\,(CaO) = C^2H^4 + 2\,(CaO,\,CO^2).$$

L'acide acétique provient lui-même de l'alcool ordinaire
suivant la réaction (1) du paragraphe précédent. Dans les
laboratoires, au lieu d'acide acétique dont le prix est élevé,
on emploie l'acétate de soude et la chaux vive, mais la réaction est la même.

L'hydrogène carboné, appelé aussi gaz des marais, car il
se forme dans la décomposition lente des plantes aquatiques,
dans les eaux tranquilles, est un gaz incolore, insoluble dans
l'eau, inodore, insipide, de densité 0,559. Son équivalent en
volume est donc 4 (§ 12, Éq. 1).

L'hydrogène protocarboné est inflammable et donne en
brûlant de l'eau et de l'acide carbonique. Il forme avec l'air
des mélanges détonants; ce mélange se produit trop souvent
dans les mines de houille où il est connu sous le nom de

grisou. Nous avons vu (*Physique,* § 120) la description de la lampe employée pour conjurer les dangers qui résultent de la présence du grisou.

89. Hydrogène bicarboné. — C^4H^4 s'obtient en déshydratant l'acool ordinaire $C^4H^6O^2$ par l'acide sulfurique à chaud suivant le § 87. C'est un gaz incolore, de densité 0,96, son équivalent en volume est 4.

Ce gaz est combustible et donne les mêmes produits en brûlant que le précédent. L'action du chlore sur lui donne des produits de substitution comme sur l'hydrogène protocarboné (§ 67).

90. Pétroles. — Les goudrons que l'on recueille dans la distillation de la houille et du bois sont des hydrogènes carbonés. Les asphaltes et les pétroles peuvent être considérés comme des goudrons naturels dus à une décomposition lente des restes fossiles, animaux et végétaux.

Le pétrole brut est un liquide brun dont la densité varie de 0,8 à 0,9. Il est épuré par des distillations fractionnées.

Les premières matières qui passent à la distillation ont pour densité 0,80 à 0,83, ce sont les huiles légères. Ensuite viennent les huiles lourdes. Traitées par l'acide sulfurique, puis la soude, et soumises à une nouvelle distillation, ces huiles se divisent en benzine, huile d'éclairage, et les résidus servent de matières lubréfiantes ou à fabriquer la paraffine.

1. *Benzine.* — Liquide très volatil, très inflammable, densité 0,70 à 0,74; employé à détacher les tissus, à dissoudre le caoutchouc, remplace l'essence de térébenthine dans la peinture; mais, dans ce dernier cas, présente l'inconvénient de noircir certaines couleurs, notamment celles à base de plomb, à cause des composés sulfureux qu'il renferme.

II. *Pétrole proprement dit.* — Liquide jaune, de densité 0,79 à 0,81, ne doit donner aucune vapeur inflammable au-dessous de 40°. Les pétroles qui donnent de ces vapeurs et dans lesquels on ne peut éteindre une allumette enflammée sans leur communiquer son inflammation, ne sont pas suffisamment débarrassés de leur benzine. Leur emploi dans les lampes est dangereux.

91. Gaz d'éclairage. — La distillation de la houille en vases clos produit le coke (§ 79, IV), des matières liquides et des gaz. Ces derniers constituent le gaz d'éclairage qui se compose d'oxyde de carbone, d'hydrogène et d'hydrogènes protocarboné et bicarboné. Il existe, en outre, dans ce mélange des vapeurs d'hydrocarbures en général plus riches en carbone et qui représentent la majeure partie du pouvoir éclairant du gaz. Il résulte de là que pour que la distillation soit bien conduite, il faut que la température soit suffisante pour enlever à la houille tous ses produits volatils et insuffisante pour décomposer ses hydrocarbures.

A la sortie des cornues de distillation, le gaz est soumis à une épuration physique qui consiste à le laver pour le débarrasser des goudrons et des composés ammoniacaux. Il contient encore des produits nuisibles tels que de l'acide carbonique, de l'azote, des sulfures, de l'acide sulfhydrique. Les procédés d'épuration varient d'une usine à l'autre. Généralement on fait passer le gaz sur un mélange de fer et de sels de chaux obtenu en décomposant du sulfate de fer par la chaux. Ce mélange transforme les sulfures en sulfure de fer, l'acide carbonique en carbonate de chaux. Le gaz est ensuite recueilli dans de grands gazomètres pour être, de là, distribué dans la canalisation.

—▶—✳—◀—

ERRATA

Page 12, ligne 10, *lire :* $t_1' = \dfrac{86400}{100000}$ *au lieu de :*

$\text{III}t_1' = \dfrac{86400}{100000}$.

Page 192, ligne 9, *lire :* $\text{V} \times \dfrac{d}{1,1056}$ *au lieu de :* $\text{V} \times \dfrac{d}{1,056}$.

Page 205, ligne 16, *lire :* $e = 9$ *au lieu de :* $e - 9$.

TABLE DES MATIÈRES

CONTENUES DANS CET OUVRAGE

Dans chaque chapitre les numéros renvoient aux paragraphes.

PHYSIQUE

INTRODUCTION.

CHIMIE

GÉNÉRALITÉS. — LOIS GÉNÉRALES.

OXYGÈNE.

HYDROGÈNE.

EAU.

AZOTE.

AIR ATMOSPHÉRIQUE.

COMPOSÉS OXYGÉNÉS DE L'AZOTE.

AMMONIAQUE.

SOUFRE.

COMPOSÉS OXYGÉNÉS DU SOUFRE.

OXYDE DE CARBONE.

HYDROGÈNES CARBONÉS.

Nancy, impr. Berger-Levrault et Cie.

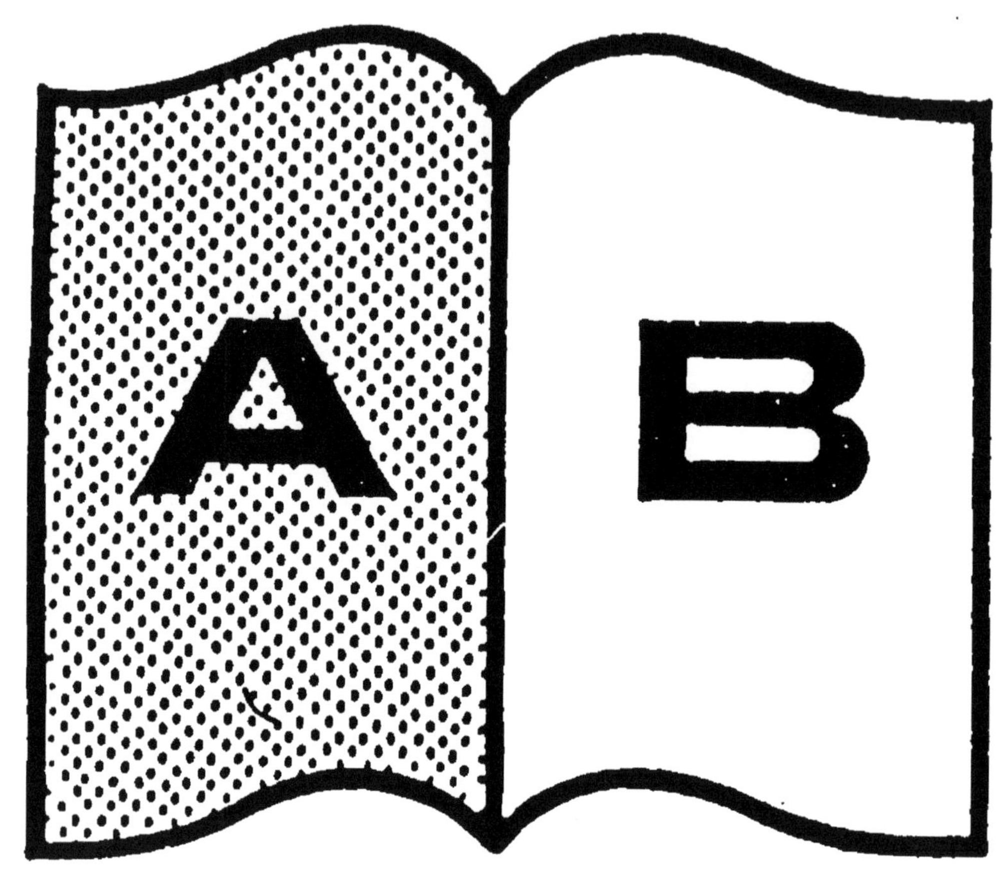

Contraste insuffisant

NF Z 43-120-14